生物多样性
在北京

陈龙　全璟纬　宁杨翠　刘春兰　乔青　主编

中国水利水电出版社
www.waterpub.com.cn

·北京·

内容提要

北京拥有丰富的生物多样性，目前北京相关的物种图册多集中于介绍植物和鸟类等常见的类群，对其他类群介绍不足。本图册采用野外调查工作中拍摄的200余幅照片，介绍了北京常见或重要的108种物种及其生活习性，内容涵盖了苔藓植物、维管植物、哺乳动物、鸟类、两栖动物、爬行动物、鱼类、昆虫和大型真菌，以及部分外来入侵生物，向读者展示北京作为大都市的另一面，了解生物多样性不仅在深山老林，也在我们身边，需要我们共同行动起来关注并保护本土的生物多样性。

本图册作为接触和认识北京生物多样性的入门读物，可供生态环境、野生动植物保护以及广大自然爱好者阅读参考。

图书在版编目（CIP）数据

生物多样性在北京 / 陈龙等主编. -- 北京 : 中国水利水电出版社，2024. 8. -- ISBN 978-7-5226-2530-0

Ⅰ．Q16

中国国家版本馆CIP数据核字第2024UV5269号

书　　　名	**生物多样性在北京** SHENGWU DUOYANGXING ZAI BEIJING	
作　　　者	陈龙　全璟纬　宁杨翠　刘春兰　乔青　主编	
出 版 发 行	中国水利水电出版社 （北京市海淀区玉渊潭南路1号D座　100038） 网址：www.waterpub.com.cn E-mail：sales@mwr.gov.cn 电话：(010) 68545888（营销中心）	
经　　　售	北京科水图书销售有限公司 电话：(010) 68545874、63202643 全国各地新华书店和相关出版物销售网点	
排　　　版	中国水利水电出版社装帧出版部	
印　　　刷	天津画中画印刷有限公司	
规　　　格	170mm×240mm　16开本　12.5印张　164千字	
版　　　次	2024年8月第1版　2024年8月第1次印刷	
定　　　价	98.00元	

《生物多样性在北京》编写委员会

顾　　　问：肖能文

主　　　编：陈　龙　全璟纬　宁杨翠　刘春兰　乔　青

参与编写人员：杨　宁　冯　乐　刘　岩　李　昂

审　定　专　家：苔藓植物——王幼芳

　　　　　　　　维管植物——何　毅

　　　　　　　　哺乳动物——李春旺

　　　　　　　　鸟　　类——高晓奇

　　　　　　　　两栖动物——韩兴志

　　　　　　　　爬行动物——韩兴志

　　　　　　　　鱼　　类——赵亚辉

　　　　　　　　昆　　虫——王山宁

　　　　　　　　大型真菌——何双辉

图　片　提　供：（以姓氏拼音为序）

陈　龙　高晓奇　郭文昌　韩兴志　何双辉　何　毅　贾　渝

金　宸　李　昂　李春旺　刘春兰　刘　岩　宁杨翠　全璟纬

孙智闲　田　晨　王　乐　王山宁　温银河　杨　军　杨　南

杨　宁　张钢民　张　旭　赵亚辉　朱金方

前言

　　"生物多样性"是生物（动物、植物、微生物）与环境形成的生态复合体以及与此相关的各种生态过程的总和，包括生态系统、物种和基因三个层次。生物多样性关系到人类福祉，是人类赖以生存和发展的重要基础，为人类提供了丰富多样的生产生活必需品、健康安全的生态环境和独特别致的景观文化。保护生物多样性，对于维护生态安全具有重要的意义。

　　从地理位置来看，北京市地处太行山、燕山向华北平原的过渡地带，地势整体西北高、东南低；西部属太行山山脉，地势高亢，主要山峰有东灵山（海拔 2303 米，北京市最高峰）、百花山（海拔 1991 米）等；北部属燕山山脉，地势西高东低，山体分散，主要山峰有大海坨山（海拔 2241 米）、云蒙山（海拔 1414 米）等；东南部是一片缓缓向渤海倾斜的平原，海拔最低处不足 10 米。北京市整体海拔高差超过 2000 米，地形地貌复杂，分布有中山、低山、丘陵、台地和平原等多种地貌类型，永定河、潮白河、北运河、蓟运河和大清河五大水系，以及森林、灌丛、草地、湿地等生态系统类型，生境类型多样，孕育了丰富的生物多样性。北京市域面积约占全国陆地国土面积的 0.17%，而植物种类数量约占全国总数的 8%，鸟类种数则超过全国总数的 1/3，其生物多样性丰富程度可见一斑。据不完全统计，北京市已记录各类生物超过 8000 余种，是世界上生物多样性最丰富的大都市之一。

为了掌握北京市生物多样性本底状况，工作团队联合多家单位自 2020 年开始对北京市开展了多类群、全覆盖调查，目前已记录各类物种 6400 余种，随着工作的持续开展，其种数将持续增多。本图册筛选了 100 余种物种进行介绍，包括了一些北京市常见的物种或重点保护物种，这些物种既有鸟类、鱼类、维管植物等日常我们熟知的类群，也有苔藓、大型真菌等我们容易忽略的类群，还包括了几种对本土生物多样性有威胁的外来入侵生物。生物多样性不仅在深山老林，不只是大熊猫，也在我们身边，也包括普通的花花草草。本图册中所涉及的物种只占北京市生物种类的很小一部分，希望借此可以引发更多人去关注北京市本土的生物多样性，关注身边的生物多样性，享受生物多样性带来的乐趣，并行动起来共同保护生物多样性。

感谢中国环境科学研究院肖能文研究员及其团队的支持和帮助，感谢诸多自然爱好者的支持，感谢中国水利水电出版社出版团队的细致工作，使得本图册可以顺利出版。

为保证文字和图片的准确性，编写团队已邀请相关领域专业人士进行审稿，尽管如此，因时间及精力有限，且涉及类群较多，疏漏之处仍在所难免，有欠缺之处还请广大读者批评指正。

编者

2023 年 9 月

目录

苔藓植物

苔藓植物是一类以孢子繁殖，由水生向陆生过渡的高等植物。与其他高等植物不同的是苔藓植物以配子体为营养体，孢子体寄生于配子体上，孢子体不能独立生活。全世界约有23000种苔藓植物，其中包括约8000种苔类、约100种角苔类和约15000种藓类。

中国地域辽阔，现知苔藓植物的种类约为全世界的1/10，并富有中国特有种和东亚特有种。

北京市有记录的苔藓植物约300种，藓类植物在物种组成上占据主导地位。本图册选择钝叶绢藓、反纽藓、叉钱苔、葫芦藓、红蒴立碗藓五种常见的苔藓植物，介绍其形态结构、生长特性和生活习性，以野外实地调查为基础，参照《中国苔藓志》《中国常见植物野外识别手册（苔藓册）》进行形态描述。

钝叶绢藓

学名：*Entodon obtusatus*

拼音：dùn yè juàn xiǎn

俗名：无

物种介绍：绢藓科绢藓属，植物体小型，黄绿色，具光泽，交织成片生长。茎长约2厘米，宽约1.8毫米，叶在茎上稀疏扁平着生。分枝稀疏。叶略有分化，背部的叶呈舌状，先端急尖具小尖头或略钝。侧面叶呈卵状舌形或长椭圆形、先端钝，长0.8~1.0毫米，宽0.5~0.6毫米，叶缘上部具微齿。中肋2条，不明显或缺失。叶中部细胞线形，向上渐变短，角区分化，由多数方形或矩形细胞组成。蒴柄黄色，一般长1.3~1.5厘米。孢蒴直立，长椭圆状圆筒形，蒴齿双层，外齿层齿片线状披针形。蒴盖圆锥状，具喙。

生活习性：常见于林下土坡、树干或岩石上。

钝叶绢藓扁平生长的植物体和钝形叶（供图：李昂）

反纽藓

学名： *Timmiella anomala*

拼音： fǎn niǔ xiǎn

俗名： 无

物种介绍： 反纽藓科反纽藓属，植株疏松丛生，鲜绿或暗绿色。茎长 1 厘米左右，单一，稀分枝。叶多集生茎先端，干时内卷，旋扭，湿时平展，长披针形或舌状披针形，先端急尖，具微齿；中肋粗壮，下宽上狭。雌雄同株或异株，苞叶与叶同形。蒴柄细长；孢蒴长圆柱形，直立或略倾斜；蒴齿具低的基膜，齿片细长线形，密被细疣，直立或右旋；蒴盖圆锥形，具长而直立的喙。蒴帽兜形。孢子黄褐色，密被细疣。

生活习性： 生于岩石、土壁、林地或腐木上，也常见于路边土壁或砖墙上。

反纽藓直立生长的蒴柄、孢蒴和蒴盖
（供图：李昂）

叉钱苔

学名：*Riccia fluitans*

拼音：chā qián tái

俗名：无

物种介绍：钱苔科钱苔属，多年生漂浮或湿土生，植物体扁平，多数密集生长，淡绿色，多回叉状分枝。植物体长 1~6 厘米，宽 0.5~2 毫米，叶状体先端楔形，表面气孔不明显。

生活习性：在北京市自然分布，多生于湖泊、池塘内或阴湿土壤上。

叉钱苔的二叉分枝植物体（供图：李昂）

葫芦藓

学名： *Funaria hygrometrica*

拼音： hú lu xiǎn

俗名： 无

物种介绍： 葫芦藓科葫芦藓属，植物体丛集或成大片散生，呈黄绿色。叶常在茎先端簇生，干时皱缩，湿时倾立，阔卵圆形，卵状披针形或倒卵圆形，先端急尖，叶缘全缘，内卷，中肋及顶或伸出；叶中部细胞薄壁，呈不规则长方形或多边形。雌雄同株异苞，发育初期雄苞顶生，呈花蕾状，略显红色，雌苞则生于雄苞下的短侧枝上，当雄枝萎缩后即转成主枝。蒴柄细长，淡黄褐色，孢蒴具明显的台部，梨形，不对称，多垂倾。蒴盖圆盘状，顶端微凸。蒴帽兜形，先端具细长喙状尖头，形似葫芦瓢状。孢子圆球形，黄色透明。

生活习性： 在北京市自然分布，为伴人物种，山区或市区均可见到，多生于田边地角或房前屋后潮湿富含有机质的地方。

葫芦藓的雄枝和雌枝
（供图：贾渝）

5

红萌立碗藓

学名: *Physcomitrium eurystomum*

拼音: hóng shuò lì wǎn xiǎn

俗名: 无

物种介绍: 葫芦藓科立碗藓属，植物体直立，不分枝，稀疏或稍密集丛生，高2~5毫米，鲜绿色或黄绿色，基部密被褐色假根。叶多集于茎先端，呈莲座状簇生；叶长卵圆形或长椭圆形，茎下部的叶较小，先端叶较大，叶先端渐尖，全缘，中肋略具黄色，长达叶尖。萌柄细长，呈浅黄至红褐色；孢萌呈球形或椭圆状球形，红色；萌台部短，萌盖呈锥形，顶部圆突，开裂后萌口呈罐口形，似立碗状，以此特征得名。

生活习性: 多生于潮湿土地上，山林、沟谷边、农田边以及庭院内土壁阴湿处均可见。

红萌立碗藓的萌柄、孢萌和萌盖
（供图：李昂）

6

维管植物

维管植物是具有维管组织的植物，主要包括蕨类植物和种子植物。我国是世界上维管植物种类最多的国家之一，全世界已知维管植物 25 万 ~30 万种，其中我国维管植物超过 3 万种。

北京市地形复杂多样，海拔梯度大，孕育了丰富的植物资源，截至 2020 年年底，全市维管植物共记录 2088 种，包括百花山葡萄、野大豆、黄檗、紫椴、北京水毛茛、槭叶铁线莲、脱皮榆等国家级和市级重点保护野生植物共 100 余种。

本图册维管植物部分从物种分类、生长特性、保护级别、濒危等级、生活习性等方面介绍了北京水毛茛、百花山葡萄、大花杓兰、紫椴、黄檗、侧柏等植物，其中物种分类参考《中国生物物种名录（2023 版）》中的植物部分，其他信息以实地调查为基础，结合《北京植物志》《中国常见植物野外识别手册（北京册）》以及植物智网站等进行描述。

学名： *Platycladus orientalis*

拼音： cè bǎi

俗名： 无

物种介绍： 柏科侧柏属，为高大常绿乔木。树皮浅灰褐色，纵裂成条片。叶鳞形，交互对生，背面有腺点。雌雄同株，球花单生枝顶。球果，卵圆形，被白粉，成熟后开裂露出种子。

在《中国生物多样性红色名录——高等植物卷（2020）》中被列为无危（LC）。北京市各区均有分布。

生活习性： 具有喜光、耐干旱、耐湿、耐寒等特性，适宜生长范围广。多生于中低海拔阳坡林中或悬崖上，因其形体美观、耐污染、耐瘠薄，常用作园林绿化树种。

侧柏植株（供图：宁杨翠）

侧柏林（供图：杨宁）

侧柏的鳞形叶（供图：何毅）

侧柏未开裂的果实（供图：宁杨翠）

侧柏开裂后的果实（供图：何毅）

华北落叶松

学名：*Larix gmelinii* var. *principis-rupprechtii*

拼音：huá běi luò yè sōng

俗名：雾灵落叶松、落叶松

物种介绍：松科落叶松属，为落叶乔木。树皮暗灰褐色，成小块片脱落，长枝叶螺旋状散生，短枝叶簇生，雌球花生于短枝顶端，球果卵圆形或圆柱状卵形，种鳞近似五角状卵形。

北京市重点保护野生植物，中国特有种。在《中国生物多样性红色名录——高等植物卷（2020）》中被列为易危（VU）。北京市各山区均可见到。

生活习性：对土壤适应性较强，耐瘠薄，略耐盐碱；生长于海拔900米以上的山坡或沟谷林中，因具有早期速生、抗逆性强的特点，是华北地区重要的造林树种。

华北落叶松球果（供图：陈龙）

华北落叶松林（供图：王乐）

11

轮叶贝母

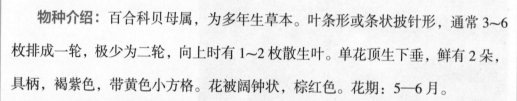

学名： *Fritillaria maximowiczii*

拼音： lún yè bèi mǔ

俗名： 一轮贝母

物种介绍： 百合科贝母属，为多年生草本。叶条形或条状披针形，通常3~6枚排成一轮，极少为二轮，向上时有1~2枚散生叶。单花顶生下垂，鲜有2朵，具柄，褐紫色，带黄色小方格。花被阔钟状，棕红色。花期：5—6月。

　　国家二级保护野生植物。花朵易被动物取食，结实率低；因鳞茎有药用特性而易被采挖，导致其数量稀少，在《中国生物多样性红色名录——高等植物卷（2020）》中被列为濒危（EN）。主要分布于密云山区。

生活习性： 多生于海拔1100米以上的山坡林下、林间坡地、亚高山草甸。

轮叶贝母植株（供图：张钢民）

轮叶贝母果实（供图：陈龙）

轮叶贝母花（供图：全璟纬）

紫点杓兰

学名： *Cypripedium guttatum*

拼音： zǐ diǎn sháo lán

俗名： 斑花杓兰、拖鞋兰

物种介绍： 兰科杓兰属，为多年生陆生草本。茎中部具两枚叶，卵状椭圆形，近对生或互生。单花顶生，花瓣提琴形，唇瓣深囊状，白色具紫色斑点。花期：5—7月。

国家二级保护野生植物。在《中国生物多样性红色名录——高等植物卷（2020）》中被列为濒危（EN）。主要分布于门头沟、延庆、密云山区。

生活习性： 生境海拔跨度较大，生于海拔 500~4000 米的林下、灌丛或草地。要求土壤水分充足同时又排水良好。

紫点杓兰花（供图：张钢民）　　　　紫点杓兰植株（供图：杨南）

大花杓兰

学名：*Cypripedium macranthos*

拼音：dà huā sháo lán

俗名：大口袋花

物种介绍：兰科杓兰属，为多年生陆生草本。叶互生，椭圆形或卵状椭圆形。单花顶生，紫红色，稀白色。花瓣披针形，唇瓣囊状，紫红色。花期：6—7月。

国家二级保护野生植物。花大且美，人为采摘是其面临的最直接最紧迫的威胁，在《中国生物多样性红色名录——高等植物卷（2020）》中被列为濒危（EN）。主要分布于房山、门头沟、怀柔、密云、延庆等山区。

生活习性：一般生长于林下、林缘或亚高山草甸，喜欢腐殖质丰富和排水良好的地区。花朵大，花色亮丽，具有极高的观赏价值。

大花杓兰花（供图：陈龙）

大花杓兰植株（供图：何毅）

大花杓兰群落（供图：何毅）

北方鸟巢兰

学名： *Neottia camtschatea*

拼音： běi fāng niǎo cháo lán

俗名： 腐生兰、堪察加鸟巢兰

物种介绍： 兰科鸟巢兰属，为腐生草本。没有绿叶，但是全株通体绿色。茎上部疏被短柔毛，下部具鞘。总状花序顶生，淡绿色小花坠有长长的舌瓣。蒴果椭圆形。花期：7—8月。

北京市重点保护野生植物。在《中国生物多样性红色名录——高等植物卷（2020）》中被列为无危（LC）。主要分布于门头沟、延庆山区。

生活习性： 种群数量较少，零星分布于海拔2000~2400米的亚高山林下或林缘；对生境的要求比较高，一般生长在腐殖质丰富、湿润的环境中。

北方鸟巢兰花（供图：杨南）

北方鸟巢兰植株（供图：杨南）

辽吉侧金盏花

学名： *Adonis ramosa*

拼音： liáo jí cè jīn zhǎn huā

俗名： 雪里埋

物种介绍： 毛茛科侧金盏花属，为多年生草本。叶片宽菱形，二至三回羽状全裂，于花后生出。花单生茎顶，花瓣多数、黄色，5枚灰紫色萼片。瘦果，先端具弯曲短喙。花期：2—3月。

北京市重点保护野生植物，在《中国生物多样性红色名录——高等植物卷（2020）》中被列为无危（LC）。主要分布在延庆。

生活习性： 辽吉侧金盏花多生于山脊林下，常常在冬天的冰雪还没融化的时候就破冰绽放，因此也被称为"雪里埋"。

辽吉侧金盏花植株（供图：陈龙）

辽吉侧金盏花群落（供图：何毅）

北乌头

学名： *Aconitum kusnezoffii*

拼音： běi wū tóu

俗名： 草乌

物种介绍： 毛茛科乌头属，为多年生草本。叶片五角形，3 次全裂后再次羽状分裂，茎下部叶有长柄，中部叶有短柄。顶生总状花序。萼片紫蓝色，上萼片盔形，下颚片圆形。花瓣向后弯曲或近拳卷。蓇葖果，较直。花期：7—9 月。

在《中国生物多样性红色名录——高等植物卷（2020）》中被列为无危（LC）。在北京市比较常见，是漂亮的花卉资源。北乌头全株有毒，经过处理后，可作为中药材，有缓解疼痛的功效。

生活习性： 生于山坡草地、沟谷林下、水边。

北乌头植株（供图：何毅）　　北乌头花序（供图：何毅）

槭叶铁线莲

学名: *Clematis acerifolia*

拼音: qì yè tiě xiàn lián

俗名: 岩花、崖花

物种介绍: 毛茛科铁线莲属，多年生直立小灌木。单叶对生，叶片五角形，形似槭树，因此得名。花2~3朵簇生，花萼6片，白色，无花瓣。花期：4—5月。

国家二级保护野生植物，模式产地在北京市百花山，是中国特有种。分布区极其狭小，种群数量不多，在《中国生物多样性红色名录——高等植物卷（2020）》中被列为濒危（EN）。主要分布于房山和门头沟石灰岩崖壁上。

生活习性: 槭叶铁线莲可生长于海拔100~1000米（尤其以海拔300米以下的浅山区最多）近90°垂直的石灰岩崖壁石缝中，所以也叫岩花，观赏价值极高，与独根草和房山紫堇并称为"崖壁三奇"，共同在早春形成独特的风景。

槭叶铁线莲植株（供图：陈龙）

槭叶铁线莲群落（供图：陈龙）　　　槭叶铁线莲生境（供图：陈龙）

房山紫堇植株（供图：何毅）

独根草群落（供图：何毅）

北京水毛茛

学名：*Batrachium pekinense*

拼音：běi jīng shuǐ máo gèn

俗名：无

物种介绍：毛茛科水毛茛属，多年生沉水草本。叶片轮廓楔形或宽楔形，沉水叶裂片丝形，无毛。花挺出水面。萼片近椭圆形，花瓣5，白色，基部带黄色。花期：5—8月。

国家二级保护野生植物，被《中国生物多样性红色名录——高等植物卷（2020）》列为濒危（EN）。模式产地在北京市南口至居庸关一带。主要分布于昌平、延庆、密云、怀柔等区干净的山谷小溪缓流中。

生活习性：茎叶细弱，叶子嫩绿，可以随水流随意晃动，形态优美。春天溪流解冻后开始生长、繁殖，形成较大的单一群落；初夏的时候开出白花，花朵挺出水面，在水面成片绽放。生于海拔120~400米的山谷或丘陵清澈的流水中。

北京水毛茛群落（供图：陈龙）

北京水毛茛花（供图：张钢民）

百花山葡萄

学名：*Vitis baihuashanensis*

拼音：bǎi huā shān pú tao

俗名：无

物种介绍：葡萄科葡萄属，为多年生落叶木质藤本。叶片阔卵形，掌状全裂，小裂片常再分裂，形似鸟足。圆锥花序，浆果成熟后紫黑色，种子椭圆形，外被一层膜质结构。花期：6月。

百花山葡萄是目前北京市唯一的国家一级保护野生植物，北京市特有种。分布区域范围窄且数量极其稀少，野外现存仅两株，均分布于门头沟百花山，被《中国生物多样性红色名录——高等植物卷（2020）》列为极危（CR）。

生活习性：喜欢生长于水分充足、腐殖质较厚的山沟、林下。

百花山葡萄植株（供图：何毅）

百花山葡萄叶片（供图：何毅）

槐

学名： *Styphnolobium japonicum*

拼音： huái

俗名： 国槐、家槐

物种介绍： 豆科槐属，为高大落叶乔木。树皮灰褐色，具纵裂纹。当年生枝绿色，生于叶痕中央。奇数羽状复叶互生，卵状矩圆形。圆锥花序顶生。花萼浅钟状，具浅齿。花冠白色或淡黄色，旗瓣近圆形，翼瓣和龙骨瓣较短。荚果串珠状。

槐象征三公之位，举仕有望。我国唐代开始，常以槐指代科考，考试的年头称槐秋，举子赴考称踏槐，考试的月份称槐黄；另"槐"与"魁"相近，期盼子孙后代得魁星神君之佑而登科入仕；此外，槐树还具有古代迁民怀祖的寄托和祥瑞的象征等文化意义。各区均有分布。

生活习性： 槐是优良的蜜源植物，常作行道树栽植，多见于山谷、路旁及村落旁。木材可供建筑及家具用材。

槐树林（供图：宁杨翠）

槐花（供图：宁杨翠）

槐果实（供图：宁杨翠）

野大豆

学名： *Glycine soja*

拼音： yě dà dòu

俗名： 乌豆、野黄豆

物种介绍： 豆科大豆属，为一年生草质藤本。全体疏被褐色长硬毛。三出复叶，顶生小叶菱卵状，先端尖或钝，基部圆。总状花序，腋生，花冠淡紫色或白色，旗瓣倒卵圆形，龙骨瓣短于翼瓣。荚果，长圆形。

国家二级野生保护植物。在《中国生物多样性红色名录——高等植物卷（2020）》中被列为无危（LC）。北京市各区均有分布。

生活习性： 野大豆常见于潮湿的河岸、草地、灌丛、沼泽地附近，多缠绕于挺水植物或小灌木上。

野大豆花（供图：宁杨翠）

野大豆果实（供图：宁杨翠）

野大豆群落（供图：宁杨翠）

脱皮榆

学名： *Ulmus lamellosa*

拼音： tuō pí yú

俗名： 无

物种介绍： 榆科榆属，为落叶小乔木。树皮呈灰色或灰白色，不断地裂成不规则薄片脱落，内（新）皮初为淡黄绿色，后变为灰白色或灰色，不久又挠裂脱落。翅果近圆形，较大，两面及边缘有密腺毛。花叶同放。

北京市重点保护野生植物。在《中国生物多样性红色名录——高等植物卷（2020）》中被列为易危（VU）。主要分布于房山、门头沟、延庆、怀柔、密云各区的山区。

生活习性： 喜光，稍耐阴，常生长于沟谷杂木林中。喜温暖湿润气候，亦能耐零下 20 摄氏度的短期低温。对土壤的适应性较广，耐干旱瘠薄。

脱皮榆植株（供图：何毅）

脱皮榆叶与果实（供图：何毅）

黄檗

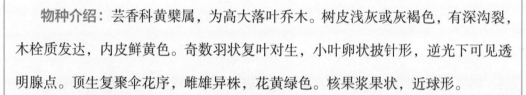

学名： *Phellodendron amurense*

拼音： huáng bò

俗名： 黄波椤

物种介绍： 芸香科黄檗属，为高大落叶乔木。树皮浅灰或灰褐色，有深沟裂，木栓质发达，内皮鲜黄色。奇数羽状复叶对生，小叶卵状披针形，逆光下可见透明腺点。顶生复聚伞花序，雌雄异株，花黄绿色。核果浆果状，近球形。

国家二级保护野生植物。黄檗具有抗炎、降血糖血压等重要的药用价值，在20世纪末受到了严重的人为破坏，野生种群数量日益减少且多呈现散生状态，《中国生物多样性红色名录——高等植物卷（2020）》中将其列为易危（VU）。主要分布于房山、门头沟、延庆、怀柔、密云、平谷山区。

生活习性： 喜光、耐寒，多生于山区沟谷林中或河谷沿岸。

黄檗树干（供图：张钢民）

黄檗果实（供图：张钢民）

黄檗树叶（供图：宁杨翠）

紫椴

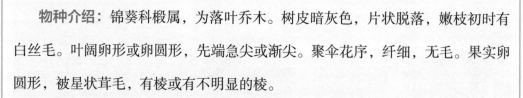

学名： *Tilia amurensis*

拼音： zǐ duàn

俗名： 籽椴

物种介绍： 锦葵科椴属，为落叶乔木。树皮暗灰色，片状脱落，嫩枝初时有白丝毛。叶阔卵形或卵圆形，先端急尖或渐尖。聚伞花序，纤细，无毛。果实卵圆形，被星状茸毛，有棱或有不明显的棱。

种子种皮结构比较致密，种仁含油量较高，不容易吸收水分和空气，是一种长期休眠的种子，自然更新率较低。花可入药、果可榨油，同时又是优良的蜜源植物，具有较高的经济价值。

国家二级保护野生植物。在《中国生物多样性红色名录——高等植物卷（2020）》中被列为易危（VU）。主要分布于平谷、怀柔、密云山区。

生活习性： 生长于杂木林及针阔叶混交林中，要求土壤湿润且排水良好，生境海拔跨度在 500~1300 米，多呈零星分布。

紫椴群落（供图：张钢民）

紫椴叶与果实（供图：张钢民）

荆条

学名： *Vitex negundo* var. *heterophylla*

拼音： jīng tiáo

俗名： 荆子、荆梢、条子

物种介绍： 唇形科牡荆属，为落叶灌木或小乔木。枝四棱形，密被灰白色绒毛；掌状复叶，小叶 5，对生，揉碎后有香气，叶片边缘有缺刻状锯齿，背面密被灰白色绒毛。圆锥花序顶生，花萼钟状，花萼淡紫色，二唇形，雄蕊伸出花冠。核果球形。

在《中国生物多样性红色名录——高等植物卷（2020）》中被列为无危（LC）。北京市各区山地均有分布。

生活习性： 根系庞大，为优良的水土保持树种，生于海拔 1300 米以下的向阳山坡，与酸枣组成荆棘灌丛，比较常见。

荆条花序（供图：宁杨翠）　　　　　　　　　荆条植株（供图：杨宁）

荆条花（供图：何毅）

丁香叶忍冬

学名：*Lonicera oblata*

拼音：dīng xiāng yè rěn dōng

俗名：无

物种介绍：忍冬科忍冬属，为落叶灌木。叶三角状宽卵形，顶端钝形，基部宽楔形，与紫丁香叶片类似，因而得名。叶柄较长，基部微相连。相邻两萼筒分离，无毛。花冠二唇形，白色。浆果球形，熟时红色。花期：5 月。

国家二级保护野生植物，华北特有种。分布区域范围窄且数量少，种群自我更新困难，在《中国生物多样性红色名录——高等植物卷（2020）》中被列为易危（VU）。主要分布于怀柔、延庆、门头沟区的山区。

生活习性：多生于海拔 1000 米左右的多石山坡的林下、山脊灌丛中。

丁香叶忍冬花（供图：杨南）

丁香叶忍冬果实
（供图：张钢民）

金银忍冬

学名：*Lonicera maackii*

拼音：jīn yín rěn dōng

俗名：金银木、王八骨头

物种介绍：忍冬科忍冬属，为落叶灌木。叶片卵状椭圆形。花成对生于叶腋，花冠白色后变黄色。浆果球形，熟时暗红色。

在《中国生物多样性红色名录——高等植物卷（2020）》中被列为无危（LC）。各区均有引种。曾被指定为 2008 年北京奥运会 15 个景观树种之一。

生活习性：金银忍冬生于高海拔沟谷林缘、灌丛中。在北京常作园林绿化树种。它是鸟类良好的食源植物。

金银忍冬植株（供图：宁杨翠）

金银忍冬叶与果实（供图：何毅）

金银忍冬的花（供图：何毅）

哺乳动物

哺乳动物是脊椎动物中分布最广的类群。据估计，全球现存的哺乳动物种类超过5500种。我国地域辽阔，地形复杂，气候多样，是全球哺乳类动物多样性最高的国家之一，截至2021年6月，我国共有哺乳动物12目59科254属686种，约占世界哺乳动物总数的12.5%。

根据2022年公布的北京陆生野生动物名录，北京市共有哺乳动物63种，包括中华斑羚、豹猫、貉等国家二级重点保护野生动物。

本图册哺乳动物部分从物种分类、生长特性、保护级别、濒危等级、生活习性等方面介绍了豹猫、花面狸、貉等代表性哺乳动物，其中分类遵循《中国兽类名录（2021版）》，其他信息以实地调查为基础，结合《哺乳动物学》《中国哺乳动物多样性及地理分布》《哺乳动物图鉴》进行描述。

东北刺猬

学名：*Erinaceus amurensis*

拼音：dōng běi cì weì

俗名：刺猬

物种介绍：劳亚食虫目猬科。体形圆润，体长一般不超过 25 厘米，布满体背和体侧短而密的棘刺，棘刺为灰白色或棕色，在受惊和抵御天敌时会把身体向腹面蜷曲，棘刺在外包住头和四肢，进行自我保护。

北京市重点保护野生动物。在《中国生物多样性红色名录——脊椎动物卷（2020）》中被列为无危（LC）。在各区均可见到。

生活习性：多为夜行性。经常出没于农田、瓜地、果园，城市中也有分布。

受到惊吓时卷成球状进行自我保护的东北刺猬（供图：全璟纬）

夜间在外活动的东北刺猬（供图：李春旺）

赤狐

学名： *Vulpes vulpes*

拼音： chì hú

俗名： 草狐、红狐

物种介绍： 食肉目犬科。体长一般在50~80厘米，尾长35~45厘米。嘴狭长，耳尖而直立，体型细长。耳背部黑褐色，尾上部为赤褐色，尾端白色，喉为白色。颈背、肩、背、腰和臀部为棕褐色。

国家二级重点保护野生动物。在《中国生物多样性红色名录——脊椎动物卷（2020）》中被列为近危（NT）。主要分布于门头沟区、延庆区、怀柔区的山区。

生活习性： 喜欢单独活动。通常在夜晚捕食，白天隐蔽在洞中睡觉，但在荒僻的地方，有时白天也会出来寻找食物。主要以鼠类为食，也吃野禽、蛙、鱼、昆虫等。

夜间活动的赤狐（红外相机拍摄，供图：全璟纬）

43

白天活动的赤狐（红外相机拍摄，供图：温银河）

貉

学名：*Nyctereutes procyonoides*

拼音：hé

俗名：貉子、椿尾巴、毛狗

物种介绍：食肉目犬科，为杂食性哺乳动物。体长一般在45~66厘米，尾长16~22厘米。体色乌棕，四肢乌褐。脸颊及眼周有黑褐斑，呈倒"八"字形。

国家二级重点保护野生动物。在《中国生物多样性红色名录——脊椎动物卷（2020）》中被列为近危（NT）。在北京市山区均可见到。

生活习性：栖息于阔叶林中开阔、接近水源的地方或开阔草甸和茂密的灌丛带。

貉（红外相机拍摄，供图：李春旺）

捕食王锦蛇的貉（红外相机拍摄，供图：李春旺）

黄鼬

学名: *Mustela sibirica*

拼音: huáng yòu

俗名: 黄鼠狼

物种介绍: 食肉目鼬科,为小型食肉动物。体长28~40厘米,尾长12~25厘米。背腹、四肢和尾通体棕黄色,背腹毛色无明显分界线。身体细长,鼻子周围及口角处白色。

北京市重点保护野生动物。在《中国生物多样性红色名录——脊椎动物卷（2020）》中被列为无危（LC）。在北京市各区均可见到。

生活习性: 喜欢栖息在平原、沼泽、河谷、村庄、城市和山区等地带,以鼠类、两栖类和昆虫为食。

黄鼬（红外相机拍摄，供图：李春旺）

黄鼬（红外相机拍摄，供图：全璟纬）

亚洲狗獾

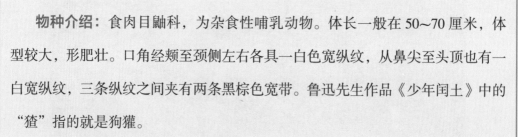

学名：*Meles leucurus*

拼音：yà zhōu gǒu huān

俗名：獾

物种介绍：食肉目鼬科，为杂食性哺乳动物。体长一般在 50~70 厘米，体型较大，形肥壮。口角经颊至颈侧左右各具一白色宽纵纹，从鼻尖至头顶也有一白宽纵纹，三条纵纹之间夹有两条黑棕色宽带。鲁迅先生作品《少年闰土》中的"獾"指的就是狗獾。

北京市重点保护野生动物。在《中国生物多样性红色名录——脊椎动物卷（2020）》中被列为近危（NT）。在山区均可见到。

生活习性：喜欢栖息在森林中或山坡灌丛、田野、沙丘草丛及湖泊、河溪旁边等各种生境中。

亚洲狗獾（红外相机拍摄，供图：李春旺）

亚洲狗獾（红外相机拍摄，供图：全璟纬）

猪 獾

学名： *Arctonyx collaris*

拼音： zhū huān

俗名： 沙獾、山獾

物种介绍： 食肉目鼬科，为杂食性动物。体长 58~74 厘米，尾长 9~22 厘米。喉部及尾白色，四肢黑色。

北京市重点保护野生动物。在《中国生物多样性红色名录——脊椎动物卷（2020）》中被列为近危（NT）。在山区均可见到。

生活习性： 喜欢穴居，在荒丘、路旁、田埂等处挖掘洞穴，也侵占其他兽类的洞穴；具有夜行性；找寻食物时常抬头以鼻嗅闻，或以鼻翻掘泥土。

正在喝水的猪獾（红外相机拍摄，供图：全璟纬）

猪獾（红外相机拍摄，供图：李春旺）

花面狸

学名：*Paguma larvata*

拼音：huā miàn lí

俗名：果子狸、白额灵猫

物种介绍：灵猫科花面狸属，为杂食性哺乳动物。头体长 40~90 厘米，尾长 40~60 厘米。体态略胖，颈部粗短，四肢粗短有力，各具五趾，脚爪锐利。全身是灰褐色的，头颈部、肩、四肢末端和尾端颜色渐变为黑色。最大的特点是从额头至鼻端有一条明显的宽阔白纹，双眼上下延伸至耳后各有一块白斑，这也是"花面狸"名字的由来。

北京市重点保护野生动物。在《中国生物多样性红色名录——脊椎动物卷（2020）》中被列为近危（NT）。在山区均可见到。

生活习性：喜欢成群生活在树林灌丛中，常利用树洞、土穴作为隐蔽场所。攀爬技术极佳，能在树枝间攀跳自如，取食树果，追捕松鼠。

夜间活动的花面狸（红外相机拍摄，供图：李春旺）

51

豹猫

学名： *Prionailurus bengalensis*

拼音： bào māo

俗名： 铜钱猫

物种介绍： 食肉目猫科，为小型食肉动物。体长一般在 40~66 厘米，尾长 20~37 厘米，体型略大于家猫。额部有 4 条暗棕色条纹，背部土黄色，具纵行斑点。

国家二级重点保护野生动物。在《中国生物多样性红色名录——脊椎动物卷（2020）》中被列为易危（VU）。在山区均可见到。

生活习性： 生活在山地林区等半开阔的树林灌丛中。独居或成对出现在近水处活动和觅食，攀爬能力很强。

豹猫及其生境（红外相机拍摄，供图：李春旺）

豹猫及其生境（红外相机拍摄，供图：全璟纬）　　豹猫个体（红外相机拍摄，供
　　　　　　　　　　　　　　　　　　　　　　　图：李春旺）

野猪

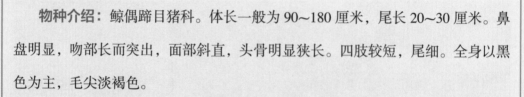

学名：*Sus scrofa*

拼音：yě zhū

俗名：山猪

物种介绍：鲸偶蹄目猪科。体长一般为 90~180 厘米，尾长 20~30 厘米。鼻盘明显，吻部长而突出，面部斜直，头骨明显狭长。四肢较短，尾细。全身以黑色为主，毛尖淡褐色。

北京市重点保护野生动物。在《中国生物多样性红色名录——脊椎动物卷（2020）》中被列为无危（LC）。在北京生态涵养区均有分布。

生活习性：在森林、灌丛、草地或沼泽均能安家。

集体行动的野猪（红外相机拍摄，供图：全璟纬）

独自行动的野猪（红外相机拍摄，供图：全璟纬）

野猪幼崽的毛色为浅棕色，有黑色条纹，大约在 4 个月内消失而呈均匀的颜色（红外相机拍摄，供图：全璟纬）

55

狍

学名：*Capreolus pygargus*

拼音：páo

俗名：东方狍、西伯利亚狍

物种介绍：鲸偶蹄目鹿科，为植食性哺乳动物。狍是一种中小型鹿类，体长95~135厘米，肩高65~75厘米。体型较小但体格结实，体色泛红，面部灰色。雄性狍具角，角短，角干直，基部粗糙有皱纹，分枝不多于3杈。

北京市重点保护野生动物。在《中国生物多样性红色名录——脊椎动物卷（2020）》中被列为近危（NT）。主要分布于山区。

生活习性：喜欢成群生活在树林和草地镶嵌分布的环境中。狍大部分活动时间都在啃食植被。它们平均每天进食7次，期间与休息时间交替。喜食灌木的嫩枝、芽、树叶和各种青草、小浆果、蘑菇等，以草、蕈、浆果为食，喜欢舔食石块补充盐分。

狍个体及其生境（红外相机拍摄，供图：李春旺）

狍个体及其生境（红外相机拍摄，供图：全璟纬）

雄狍（红外相机拍摄，供图：全璟纬）

狍（前雄后雌，红外相机拍摄，供图：全璟纬）

中华斑羚

学名：*Naemorhedus griseus*

拼音：zhōng huá bān líng

俗名：无

物种介绍：鲸偶蹄目牛科。体长一般为88~120厘米，肩高61~68厘米。毛短，尾较短，喉白色，具浅褐黄色边缘。

国家二级重点保护野生动物。在《中国生物多样性红色名录——脊椎动物卷（2020）》中被列为易危（VU）。主要分布于山区。

生活习性：喜欢生活在高海拔的密林间或陡峭崖坡。栖息生境多样，在山地针叶林、山地针阔叶混交林都可以生存。

中华斑羚（红外相机拍摄，供图：温银河）

中华斑羚（红外相机拍摄，供图：全璟纬）

北松鼠

学名： *Sciurus vulgaris*

拼音： běi sōng shǔ

俗名： 松鼠、欧亚红松鼠

物种介绍： 啮齿目松鼠科，为树栖动物。北松鼠体长一般在 18~26 厘米，尾长 16~22 厘米。腹部白色，四肢细长强健，体侧和四肢外侧均为褐灰色，尾毛密而蓬松，耳朵长且耳尖有一束毛。

在《中国生物多样性红色名录——脊椎动物卷（2020）》中被列为近危（NT）。各区均可见到。

生活习性： 喜欢独居，主要以橡子、栗子、胡桃等坚果为食。善于跳跃。分布广泛，在天坛、颐和园、香山等公园中较为常见。

在树上的北松鼠（供图：李春旺）

叼着食物的北松鼠（供图：李春旺）

在地面活动的北松鼠（供图：李春旺）

鸟类

鸟类是动物界一个十分重要的类群，它种类繁多，是生态系统的重要组成部分。据估计，全球现存的鸟类超过10000种，截至2023年，我国有鸟类1505种。根据2024年公布的北京市陆生野生动物名录，北京市共有鸟类23目76科519种，其中包括列入《国家重点保护野生动物名录》的有118种；列入《北京市重点保护野生动物名录》的有99种。

本图册鸟类部分从物种分类、生长特性、保护级别、红色名录等级、生活习性等方面介绍了褐马鸡、黑鹳等代表性鸟类，其中分类信息依据《中国鸟类分类与分布名录》（第四版），其他信息以实地调查为基础，结合《中国鸟类生态大图鉴》《北京鸟类图谱》《常见野鸟图鉴——北京地区》等进行描述。

褐马鸡

学名： *Crossoptilon mantchuricum*

拼音： hè mǎ jī

俗名： 黑雉

物种介绍： 鸡形目雉科。属大型陆禽。体长 82～110 厘米。雌雄同色。透顶羽毛呈天鹅绒状，黑色，头侧具红色裸皮，且具特别延长的白色耳羽簇。颊、颏亦为白色，颈部具黑褐色，上背、两翼和下体为暗棕褐色，下背、腰、尾上覆羽和尾羽皆为银白色，但尾羽端部为黑色。尾羽较长，外翈羽支发散为丝状下垂，似马尾。下体大致为深褐色。跗跖红色。

国家一级重点保护野生动物。在《中国生物多样性红色名录——脊椎动物卷（2020）》中被列为易危（VU）。

生活习性： 北京市仅见于西部山区（东灵山、小龙门林场、百花山等）。多见于 1200～2000 米海拔范围的林地或林缘灌丛，为不常见留鸟。繁殖期成对活动，非繁殖季集小群活动。繁殖期常于林间发出甚为响亮的鸣叫，发音似"ge-a"，雄鸟甚好斗。

褐马鸡及其生境（红外相机拍摄，供图：杨军）

褐马鸡个体（红外相机拍摄，供图：杨军）

环 颈 雉

学名：*Phasianus colchicus*

拼音：huán jǐng zhì

俗名：山鸡

物种介绍：鸡形目雉科。环颈雉为大型陆禽，体长58~90厘米。雄鸟头顶灰色，具白色眉纹，头侧具鲜艳的红色裸皮，头、颈余部金属墨绿色，北京地区的亚种颈部皆具白环；上背棕色为主，具白色点斑，下背和腰蓝灰色；尾上覆羽棕黄色，尾羽甚长，为黄褐色，具深色横斑；两翼内侧、翼上覆羽与上背羽色大致相同，外侧覆羽蓝灰色，飞羽褐色，具白色横斑，下体大致为栗色。雌鸟全身皆为黄褐色，上体具深色斑，尾羽短于雄鸟。

在《中国生物多样性红色名录——脊椎动物卷（2020）》中被列为无危（LC）。在各区均可见。

生活习性：非繁殖期喜欢集群活动，广布于北京市山地及郊野，栖息于林地、灌丛、农田等各种生境。

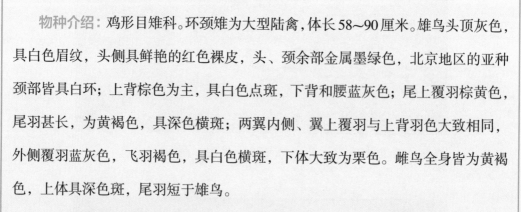

雄性环颈雉（供图：宁杨翠）

雌性环颈雉（供图：宁杨翠）

鸿 雁

学名：*Anser cygnoides*

拼音：hóng yàn

俗名：原鹅

物种介绍：雁形目鸭科。鸿雁是大型游禽，体长 90 厘米左右，雌雄同色。嘴黑色，体色浅灰褐色，头顶到后颈暗棕褐色，前颈近白色。远处看起来头顶和后颈黑色，前颈近白色，黑白两色分明，反差强烈。跗跖橙色。

国家二级重点保护野生动物。在《中国生物多样性红色名录——脊椎动物卷（2020）》中被列为易危（UV）。在各区均可见到。

生活习性：主要栖息于水库、湖泊和较大的河流等开阔水面以及附近的草地。以各种草本植物的叶、芽，包括陆生植物和水生植物、芦苇、藻类等植物性食物为食，也吃少量甲壳类和软体动物等动物性食物。喜集群活动，特别是迁徙季节，常集成数十、数百甚至上千只的大群并与其他雁类及天鹅混群。

陆地上的鸿雁（供图：宁杨翠）

育雏的鸿雁（供图：全璟纬）

鸳鸯

学名： *Aix galericulata*

拼音： yuān yāng

俗名： 官鸭

物种介绍： 雁形目鸭科。鸳鸯属于小型游禽，体长一般为41~51厘米。鸳指雄鸟，鸯指雌鸟，雌雄异色。雄鸟嘴红色，脚橙黄色，羽色鲜艳而华丽，头具艳丽的冠羽，眼后有宽阔的白色眉纹，翅上有一对栗黄色扇状直立羽，像帆一样立于后背，非常奇特和醒目，野外极易辨认。雌鸟嘴黑色，脚橙黄色，头和整个上体灰褐色，眼周白色，其后连一细的白色眉纹，亦极为醒目和独特。

国家二级重点保护野生动物。在《中国生物多样性红色名录——脊椎动物卷（2020）》中被列为近危（NT）。在各区均可见到。

生活习性： 在北京市为区域性常见的旅鸟、夏候鸟、留鸟。春季、秋季多见于城区、郊区湿地的开阔水面，繁殖季节则多在部分城市公园和山地溪流、池塘活动。

鸳鸯（左雌右雄，供图：宁杨翠）

雄性鸳鸯（中间为雌性，供图：宁杨翠）

绿头鸭

学名：*Anas platyrhynchos*

拼音：lǜ tóu yā

俗名：大绿头

物种介绍：雁形目鸭科。绿头鸭为中型游禽，体长 50~62 厘米。雄鸟繁殖羽喙黄色；头、颈翠绿色，具金属光泽，有一白色颈环，背部褐色；翼上覆羽和初级飞羽褐色，次级飞羽蓝紫色，具白色端斑和黑色次端斑；腰、尾上覆羽、尾下覆羽皆为黑色；中央两枚尾上覆羽向上卷曲；胸部栗棕色，腹部灰白色。雌鸟喙橙黄色，喙端和喙中部黑色，全身大致为黄褐色，具黑色斑纹。雄鸟非繁殖羽似雌鸟，但喙为黄色。

在《中国生物多样性红色名录——脊椎动物卷（2020）》中被列为无危（LC）。在各区均可见到。

生活习性：北京地区见于各种类型的湿地，包括城区公园、高校校园的水域，为常见的夏候鸟、冬候鸟和旅鸟。具典型的河鸭习性。非繁殖期集群于开阔水面活动。繁殖于水生植被丰富的湿地。

绿头鸭（左雌右雄，供图：宁杨翠）

正在带领雏鸟觅食的雌性绿头鸭（供图：陈龙）

珠颈斑鸠

学名： *Streptopelia chinensis*

拼音： zhū jǐng bān jiū

俗名： 花斑鸠

物种介绍： 鸽形目鸠鸽科。珠颈斑鸠为小型陆禽，体长27~30厘米。雌雄相似。喙淡褐，整体为灰粉色调；颈侧部有明显白色珍珠状点斑，颏喉和腹部呈浅白色；跗跖紫红色。未成年个体无珍珠状点斑。

在《中国生物多样性红色名录——脊椎动物卷（2020）》中被列为无危（LC）。在各区均可见到。

生活习性： 北京市内常见于城市绿地、公园、小区中，为留鸟。常以小群在地面觅食，以谷物、野果和杂草种子为食，亦食昆虫。鸣声通常为三声一度的轻柔"咕"声。营巢于树上，用稀疏枯枝构成盘状巢，亦可见于楼房护栏、阳台、空调室外机旁；窝卵数2枚。

珠颈斑鸠（供图：宁杨翠）

普通雨燕

学名：*Apus apus*

拼音：pǔ tōng yǔ yàn

俗名：楼燕儿、北京雨燕

物种介绍：夜鹰目雨燕科。普通雨燕为小型攀禽，体长17~18厘米。雌雄相似。全身几乎纯深褐色。喙短阔而扁平，呈纯黑色。颏、喉部分近白色。胸、腹和尾下覆羽近暗烟褐色。两翼极狭长呈镰刀状。具浅开衩的叉尾。北京市常见夏候鸟。

北京市重点保护野生动物。在《中国生物多样性红色名录——脊椎动物卷（2020）》中被列为无危（LC）。在各区均可见到。

生活习性：晨昏常在巢区附近疾速飞翔，叫声尖锐，白天飞行高度较高。在疾飞中张口捕食飞虫。在北京，普通雨燕多营巢于古建筑斗拱机构缝隙中，亦在现代建筑适合的洞穴空间中筑巢。

飞翔的普通雨燕（供图：高晓奇）

普通雨燕的幼鸟（供图：高晓奇）

大杜鹃

学名： *Cuculus canorus*

拼音： dà dù juān

俗名： 布谷鸟

物种介绍： 鹃形目杜鹃科，体长一般为 28~37 厘米。喙近黑色，下喙基部黄色。虹膜及眼圈黄色。雄鸟头、颈、颏、喉、上胸及上体均呈灰色。飞羽黑褐色。腹部白色，具细的黑褐色斑纹。中央尾羽沿羽干两侧缀白色斑点。跗跖黄色。雌鸟似雄鸟，但胸沾棕色。棕色型雌鸟上体棕红色，密布黑色横斑。

北京市重点保护野生动物。在《中国生物多样性红色名录——脊椎动物卷（2020）》中被列为无危（LC）。在各区均可见到。

生活习性： 喜欢中低海拔林地、开阔的农田，尤其喜欢湿地间的林地。常单独活动，繁殖期频繁鸣叫。鸣声似"布谷"的二声一度，因此也被称为"布谷鸟"。以昆虫为食，喜欢吃毛虫。大杜鹃将蛋产在其他鸟类巢中，由其他鸟类代替其孵化并哺育雏鸟，在北京市主要寄生在东方大苇莺巢穴中。善于长途飞行。每年往返北京和非洲，迁徙里程达 26000 千米，跨海迁徙可连续飞行两三天。

大杜鹃（供图：宁杨翠）

黑 鹳

学名：*Ciconia nigra*

拼音：hēi guàn

俗名：黑老鹳

物种介绍：鹳形目鹳科。黑鹳为大型涉禽，体长 100~120 厘米。喙粗长呈红色。虹膜黑褐色，眼周红色。头、颈、上体和上胸黑色，颈背、肩、胸和翼具紫、绿色金属光泽。下胸、腹、两胁和尾下覆羽白色。跗跖红色。雌鸟体羽的金属光泽较雄鸟稍暗。亚成鸟上体褐色，下体白色。

国家一级重点保护野生动物。在《中国生物多样性红色名录——脊椎动物卷（2020）》中被列为易危（VU）。

生活习性：常见于门头沟、房山、密云等区内有悬崖的河谷、湿地，为留鸟。常单独或集小群活动，以鱼、虾、蛙、蜥蜴、啮齿类、昆虫等动物为食。营巢于山谷峭壁之上。

飞翔的黑鹳（供图：宁杨翠）

觅食的黑鹳（供图：郭文昌）

苍鹭

学名: *Ardea cinerea*

拼音: cāng lù

俗名: 长脖老等

物种介绍: 鹈形目鹭科。苍鹭为大型涉禽,体长90~98厘米。雌雄相似。喙黄色。眼先裸皮黄绿色。繁殖期头侧、枕和两条长辫状冠羽黑色。喙、颈和跗跖皆甚长,身体细瘦。上体苍灰,头、颈和下体白色,前颈有2~3列纵行黑斑,体侧有大型黑色块斑。飞行时颈部缩成S形,跗跖伸于尾后,双翅缓慢扇动。

在《中国生物多样性红色名录——脊椎动物卷(2020)》中被列为无危(LC)。在各区均可见到。

生活习性: 北京市内常见于城区和郊区各种湿地。为夏候鸟、旅鸟和冬候鸟。习性与生态常集群分散开缩着脖子站立不动,民间素有"长脖老等"之称。以鱼、虾、蛙等动物为食,亦见食小型哺乳动物。一般筑巢于岸边悬崖峭壁或高大乔木上。

苍鹭（供图：陈龙）

在树上筑巢的苍鹭（供图：全璟纬）

苍鹭个体（供图：宁杨翠）

长耳鸮

学名：*Asio otus*

拼音：cháng ěr xiāo

俗名：夜猫子

物种介绍：鸮形目鸱鸮科。长耳鸮为中型猛禽，体长一般为 29~39 厘米。雌雄相似。虹膜橙红色。头顶两侧具一对长形耳羽簇，飞行时耳羽簇不可见。棕黄色圆形面盘显著，胸腹部皮黄有黑褐色不连贯纵纹。翼下初级飞羽有多道横纹，有别于短耳鸮。跗蹠和趾密被棕黄色羽。

国家二级重点保护野生动物。在《中国生物多样性红色名录——脊椎动物卷（2020）》中被列为无危（LC）。在各区均可见到。

生活习性：集小群越冬。夜行性。多见其立于柏树或柳树之上。主要以鼠类为食，食物匮乏时也捕食麻雀或蝙蝠。

在绦柳上休息的长耳鸮（供图：宁杨翠）

在油松上休息的长耳鸮（供图：陈龙）

学名：*Upupa epops*

拼音：dài shèng

俗名：臭姑鸪

物种介绍：犀鸟目戴胜科。戴胜为中型攀禽，体长 24~31 厘米。雌雄相似。喙黑色，细长而弯曲，喙基部淡黄色。头、颈、胸为黄褐色，额至枕部有甚长的扇形冠羽，冠羽栗棕色，羽端缀黑。下背黑色，腰白色，尾上覆羽基部白色、端部黑色，两翼黑褐色具白斑。尾黑色，中央尾羽之半有一道宽阔的白色横斑，下体棕色。跗跖黑色。

北京市重点保护野生动物。在《中国生物多样性红色名录——脊椎动物卷（2020）》中被列为无危（LC）。在各区均可见到。

生活习性：在北京市为常见留鸟、夏候鸟、旅鸟。广布于北京市全境的园林及湿地。常在地面行走觅食。以地表或土层以下昆虫为食，如金针虫、蝼蛄、步甲等。兴奋或者有警情时冠羽打开呈扇状，起飞后松懈下来。叫声为低沉、有明显停顿的"hoo-poo-poo"。营巢于树洞中。

在树上休息的戴胜（供图：陈龙）

在地面觅食的戴胜（供图：宁杨翠）

冠鱼狗

学名： *Megaceryle lugubris*

拼音： guàn yú gǒu

俗名： 无

物种介绍： 佛法僧目翠鸟科。冠鱼狗为中型攀禽，体长 37~42 厘米，具显著的冠羽。喙长、直且粗壮，呈黑褐色。头、冠羽、上体、两翼和尾羽黑色具白色横斑或点斑，颈侧和腹部白色，胸部具一黑白斑的横带。雄鸟翼下覆羽白色，雌鸟翼下覆羽橘黄色。跗跖铅灰色。

在《中国生物多样性红色名录——脊椎动物卷（2020）》中被列为无危（LC）。在各区均可见到。

生活习性： 在北京市为不常见留鸟。平时常独栖在近水边的树枝顶上、电线杆顶或岩石上，伺机捕鱼。于水域边挖隧道筑巢。食物以小鱼为主，兼吃甲壳类和多种水生昆虫及其幼虫，也啄食小型蛙类和少量水生植物。

在电线上休息的冠鱼狗（供图：高晓奇）

大斑啄木鸟

学名： *Dendrocopos major*

拼音： dà bān zhuó mù niǎo

俗名： 花奔得儿木

物种介绍： 啄木鸟目啄木鸟科。大斑啄木鸟为中等体型的攀禽，体长 21~26 厘米。成年雄鸟枕部有一块红斑，雌鸟枕部无红块斑。头顶、后颈、背部、翼及尾均为亮黑色，眉纹和颈侧呈纯白色或稍沾淡棕色，肩具大白斑，翼有白色斑，下体从颊至腹部淡棕褐色，下腹和尾下覆羽红色。

北京市重点保护野生动物。在《中国生物多样性红色名录——脊椎动物卷（2020）》中被列为无危（LC）。在各区均可见到。

生活习性： 常见留鸟，广泛分布于山地和平原林地、农田、城市公园、小区中。主要食昆虫，也食植物种子。多营巢于阔叶树树洞中，距地面 8~10 米。

追逐的大斑啄木鸟（供图：宁杨翠）

在休息的大斑啄木鸟（供图：宁杨翠）

正在储藏食物的大斑啄木鸟
（供图：宁杨翠）

红隼

学名：*Falco tinnunculus*

拼音：hóng sǔn

俗名：红鹞子、茶隼

物种介绍：隼形目隼科。红隼是隼科的中型猛禽之一，体长 33~38 厘米。雄鸟头部灰色，眼下有显著髭纹；背部淡砖红色缀以黑色点斑；下体淡棕黄色有不长的黑色细纵纹及点斑，尾羽灰色具宽阔的黑色次端斑；跗跖深黄色，爪黑色。雌鸟上体羽红褐色密布深色横斑，头部同背色，尾具黑色次端斑和多道较窄的深色横斑。

国家二级重点保护野生动物。在《中国生物多样性红色名录——脊椎动物卷（2020）》中被列为无危（LC）。在各区均可见到。

生活习性：飞行迅速而敏捷，翅长而狭尖，扇翅节奏较快；善于在空中振翅悬停观察并伺机捕捉猎物。常在空中捕食昆虫，也吃啮齿目、蜥蜴、蛙、小型鸟类等脊椎动物。营巢于悬崖上或城市高大的建筑上。

树枝上休息的红隼（供图：郭文昌）

草地上起飞的红隼（供图：郭文昌）

红尾伯劳

学名：*Lanius cristatus*

拼音：hóng wěi bó láo

俗名：花虎伯劳

物种介绍：雀形目伯劳科。体长 17~21 厘米。喙黑色，钩状。虹膜暗褐色。雄鸟具显著的白色眉纹和黑色贯眼纹；头顶灰色或棕红色；背肩部灰褐色，腹面棕白色，尾羽棕褐色；跗跖灰色。雌鸟似雄鸟，但上体羽色较暗淡，且胸侧至两胁具深色横斑。

北京市重点保护野生动物。在《中国生物多样性红色名录——脊椎动物卷（2020）》中被列为无危（LC）。在各区均可见到。

生活习性：常见于山区和平原的林地和灌丛，为常见夏候鸟、旅鸟。单独或成对活动，性活泼，常在枝头跳跃或飞上飞下。常突然飞去捕猎，然后再飞回原来栖木上栖息。所吃食物主要有直翅目蝗科、螽斯科、鞘翅目步甲科、叩头虫科、金龟子科、瓢虫科、半翅目蝽科和鳞翅目昆虫。偶尔吃少量草籽。

红尾伯劳幼鸟（供图：宁杨翠）

在树杈上休息的红尾伯劳（供图：宁杨翠）

楔尾伯劳

学名：*Lanius sphenocerus*

拼音：xiē wěi bó láo

俗名：无

物种介绍：雀形目伯劳科。楔尾伯劳体长 25~31 厘米。雌雄相似，喙黑色，短而粗厚，端部呈钩状。具黑色贯眼纹。上体灰色，初级飞羽基部至次级飞羽基部具白色带瑰斑，腰部灰色，有别于灰伯劳的白色腰。尾羽长，羽端呈凸状尾，中央尾羽黑色，其余尾羽大多端部白色，最外侧 3 对尾羽全为白色。下体羽白色。跗跖黑褐色。

北京市重点保护野生动物。在《中国生物多样性红色名录——脊椎动物卷（2020）》中被列为无危（LC）。在各区均可见到。

生活习性：一般于秋冬季见于芦苇丛中，也出现于低山、平原和丘陵地带的疏林和林缘灌丛，为区域性常见冬候鸟、旅鸟，偶见夏候鸟。常单独或成对活动。食物主要为昆虫，亦常捕食小型脊椎动物，如蜥蜴、小鸟及鼠类。

在树枝上休息的楔尾伯劳（供图：宁杨翠）

红嘴蓝鹊

学名： *Urocissa erythroryncha*

拼音： hóng zǔi lán què

俗名： 长尾山鹊

物种介绍： 雀形目鸦科。红嘴蓝鹊属于大型鸣禽，体长 54~65 厘米。嘴、脚红色，头、颈、喉和胸黑色，头顶至后颈有一块白色至淡蓝白色或紫灰色块斑，其余上体紫蓝灰色或淡蓝灰褐色，尾长呈凸状具黑色亚端斑和白色端，下体白色。能发出多种不同的粗哑喧闹叫声和哨声，十分善于模仿其他鸟类的叫声。

北京市重点保护野生动物。在《中国生物多样性红色名录——脊椎动物卷（2020）》中被列为无危（LC）。在各区均可见到。

生活习性： 常见留鸟，广泛分布于林缘地带、灌丛甚至村庄，也见于一些较大的城市公园中。喜欢集小群活动，性喧闹。以昆虫等动物性食物为食，也吃植物果实、种子等。

吃柿子的红嘴蓝鹊（供图：宁杨翠）

在树枝上休息的红嘴蓝鹊（供图：宁杨翠）

灰喜鹊

学名： *Cyanopica cyanus*

拼音： huī xǐ què

俗名： 长尾巴郎

物种介绍： 雀形目鸦科。灰喜鹊为大型鸣禽，体长 32～42 厘米。雌雄相似。喙黑色。成鸟头顶、头侧、后枕为黑色，肩背部灰色，喉部至腹部为灰白色，翼及尾羽均为淡蓝色。两根中央尾羽甚长且具白色端斑，飞翔时尤为明显。跗跖黑色。幼鸟体色大多较暗，头顶花白较为斑驳。

在《中国生物多样性红色名录——脊椎动物卷（2020）》中被列为无危（LC）。在各区均可见到。

生活习性： 见于山地、田野、村庄附近和城内公园、居民区。为常见留鸟。多成群活动，有时甚至集成多达数十只的大群，食性杂但以动物性食物为主，兼食一些灌木的果实及种子。鸣声洪亮且粗粝，无韵律。多营巢于次生林和人工林中，也在村镇附近和路边树上。

正在吃海棠果实的灰喜鹊（供图：宁杨翠）

在树枝上休息的灰喜鹊（供图：陈龙）

喜鹊

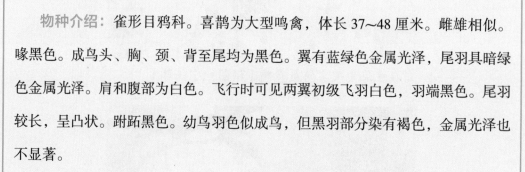

学名：*Pica pica*

拼音：xǐ què

俗名：鹊

物种介绍：雀形目鸦科。喜鹊为大型鸣禽，体长 37~48 厘米。雌雄相似。喙黑色。成鸟头、胸、颈、背至尾均为黑色。翼有蓝绿色金属光泽，尾羽具暗绿色金属光泽。肩和腹部为白色。飞行时可见两翼初级飞羽白色，羽端黑色。尾羽较长，呈凸状。跗跖黑色。幼鸟羽色似成鸟，但黑羽部分染有褐色，金属光泽也不显著。

在《中国生物多样性红色名录——脊椎动物卷（2020）》中被列为无危（LC）。在各区均可见到。

生活习性：山区、平原、城市公园、居民区都有栖息，为甚常见留鸟。常集小群或成对活动，多从地面取食，食性杂。鸣声一般为响亮而单调的喳喳声。巢在高大乔木接近树顶处，主要以树枝筑成，顶部封闭，其内层具一泥制碗状内巢，并垫以干草。

在地面觅食的喜鹊（供图：宁杨翠）

正在搭建巢穴的喜鹊（供图：宁杨翠）

大嘴乌鸦

学名： *Corvus macrorhynchos*

拼音： dà zuǐ wū yā

俗名： 老鸹

物种介绍： 雀形目鸦科。大嘴乌鸦为大型鸣禽，体长44~54厘米。雌雄相似。喙黑色粗大且厚，喙峰显著。喙上缘与前额交界处几成直角，显得额头尤为突出，此与小嘴乌鸦有明显不同。头颈部略具蓝紫色金属光泽。全身羽色漆黑而有光泽。跗跖为黑色。

在《中国生物多样性红色名录——脊椎动物卷（2020）》中被列为无危（LC）。在各区均可见到。

生活习性： 大嘴乌鸦是杂食性鸟类，对生活环境不挑剔，山区平原均可见到，喜结群活动于城市、郊区等适宜的环境。北京市常见于农田、村庄、城市公园等人类居住地附近，亦见于山地，为留鸟。

在电线上休息的大嘴乌鸦（供图：宁杨翠）

在树枝上休息的大嘴乌鸦（供图：陈龙）

棕头鸦雀

学名: *Sinosuthora webbiana*

拼音: zōng tóu yā què

俗名: 驴粪蛋儿

物种介绍: 雀形目莺鹛科。棕头鸦雀是一种小型鸣禽,体长约 12 厘米。头顶至上背棕红色,上体余部橄榄褐色,翅红棕色,尾暗褐色。虹膜深黑褐色;嘴灰或褐色,嘴端色较浅;脚粉灰色。

北京市重点保护野生动物。在《中国生物多样性红色名录——脊椎动物卷（2020）》中被列为无危（LC）。在各区均可见到。

生活习性: 常集群活动,秋冬季节在圆柏、灌丛或芦苇丛中攀援跳跃,一般短距离低空飞翔,不做长距离飞行。常边飞边叫或边跳边叫着"啾啾啾啾",为北京较常见的留鸟。

小群棕头鸦雀（供图：宁杨翠）

棕头鸦雀个体（供图：宁杨翠）

震旦鸦雀

学名：*Paradoxornis heudei*

拼音：zhèn dàn yā què

俗名：无

物种介绍：雀形目莺鹛科。震旦鸦雀是中型鸣禽，被称为"鸟中熊猫"。体长约 18 厘米。黄色的嘴带很大的嘴钩，黑色眉纹显著，额、头顶及颈背灰色，黑色眉纹上缘黄褐而下缘白色。上背黄褐，通常具黑色纵纹；下背黄褐。有狭窄的白色眼圈。中央尾羽沙褐，其余黑而羽端白。颏、喉及腹中心近白色，两胁黄褐。翼上肩部浓黄褐色，飞羽较淡，三级飞羽近黑色。 虹膜为红褐色；嘴为灰黄色；脚为粉黄色。

国家二级重点保护野生动物。在《中国生物多样性红色名录——脊椎动物卷（2020）》中被列为近危（NT）。在各区均可见到。

生活习性：喜欢生活在有水流的沼泽或芦苇丛中。在繁殖季节，会单独行动，而在非繁殖季节，会群居生活。最喜欢吃昆虫，有时也会食用浆果。

芦苇丛中跳跃的震旦鸦雀（供图：宁杨翠）

黑头鸸

学名： *Sitta villosa*

拼音： hēi tóu shī

俗名： 贴树皮

物种介绍： 雀形目䴓科。黑头鸸是小型鸣禽，体长 10~11 厘米。雌雄相似。喙强壮，上喙基黑灰色，下喙基铅灰色，喙尖灰黑色。上体蓝灰色，头顶灰黑色，有明显的白色眉纹，贯眼纹黑色；飞羽及覆羽大部褐灰色，初级飞羽外翈色深。尾短，中央尾羽蓝灰色，两侧尾羽黑色且具有白色端斑或次端斑。颏、喉白色，下体余部皮黄或污白色。跗跖灰褐色。为北京常见的留鸟。

北京市重点保护野生动物。在《中国生物多样性红色名录——脊椎动物卷（2020）》中被列为近危（NT）。在各区均可见到。

生活习性： 栖息于低山至高山的针叶林及针阔混交林中。常在树干、树枝、岩石等地方觅食昆虫、种子等。在洞中筑巢，冬季有储存食物的习性。

黑头鸸（供图：宁杨翠）

乌鸫

学名：*Turdus mandarinus*

拼音：wū dōng

俗名：百舌鸟

物种介绍：雀形目鸫科。乌鸫为中型鸣禽，体长 28~29 厘米。喙橙黄色（成鸟）或锈褐色（幼鸟）。眼圈金黄色。成年雄鸟周身黑色，略具光泽。成年雌鸟深褐黑色，幼鸟上体褐色，下体密布棕白色鳞状斑。跗跖黑褐色。

北京市重点保护野生动物。中国特有种。在《中国生物多样性红色名录——脊椎动物卷（2020）》中被列为无危（LC）。在各区均可见到。

生活习性：在北京为常见留鸟及夏候鸟，可见于城市园林、树林及草地等低海拔平原生境。常集小群在地面上奔驰，鸣声动听，并善仿其他鸟鸣，胆小，眼尖，对外界反应灵敏。于地面取食，在树叶中翻找无脊椎动物、蠕虫，冬季也吃果实。

在树上休息的乌鸫（供图：全璟纬）

喝水的乌鸫（供图：宁杨翠）

北红尾鸲

学名： *Phoenicurus auroreus*

拼音： běi hóng wěi qú

俗名： 红尾溜

物种介绍： 雀形目鹟科。北红尾鸲是小型鸣禽，体长 13~15 厘米。成年雄鸟头顶至后颈灰白，上背及肩羽黑色，下背至尾上覆羽橘红；眼先、颊、颏、喉至上胸黑；中央尾羽暗褐，其余尾羽橘红，最外侧尾羽外翈具棕色边缘；两翼大部黑色，次级飞羽基部白，形成白色三角形翼斑。雌鸟头及上体大部棕褐而无黑色，下体橘黄；两翼棕褐，白色翼斑较雄鸟小甚至无翼斑。

在《中国生物多样性红色名录——脊椎动物卷（2020）》中被列为无危（LC）。在各区均可见到。

生活习性： 在北京为平原常见的旅鸟及冬候鸟，也是中、低海拔山区及近山平原的常见夏候鸟。喜灌丛、阔叶林及人工绿地等。常站在显眼的枝头、电线等处，有抖尾等行为。鸣啭为多变的婉转短句；鸣叫为干涩尖锐的单调金属哨音"zip"，以及短促低哑的告警声"gāk"。

北红尾鸲（雄鸟，供图：宁杨翠）

北红尾鸲（雌鸟，供图：宁杨翠）

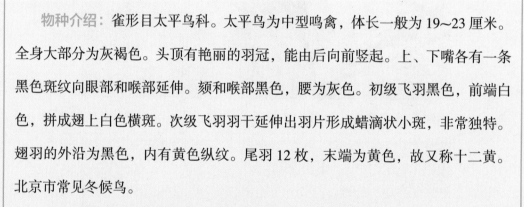

学名： *Bombycilla garrulus*

拼音： tài píng niǎo

俗名： 十二黄

物种介绍： 雀形目太平鸟科。太平鸟为中型鸣禽，体长一般为19~23厘米。全身大部分为灰褐色。头顶有艳丽的羽冠，能由后向前竖起。上、下嘴各有一条黑色斑纹向眼部和喉部延伸。颏和喉部黑色，腰为灰色。初级飞羽黑色，前端白色，拼成翅上白色横斑。次级飞羽羽干延伸出羽片形成蜡滴状小斑，非常独特。翅羽的外沿为黑色，内有黄色纵纹。尾羽12枚，末端为黄色，故又称十二黄。北京市常见冬候鸟。

北京市重点保护野生动物。在《中国生物多样性红色名录——脊椎动物卷（2020）》中被列为无危（LC）。在各区均可见到。

生活习性： 冬季常集群活动，喜欢在树的上层活动。太平鸟是杂食性鸟类，主要以油松、桦木、蔷薇、忍冬、卫矛、鼠李等植物的果实、种子、嫩芽为食。

在树上休息的太平鸟（供图：宁杨翠）

喝水的太平鸟（供图：宁杨翠）

金翅雀

学名：*Chloris sinica*

拼音：jīn chì què

俗名：金翅

物种介绍：雀形目燕雀科。金翅雀为小型鸣禽，体长12~14厘米。喙粗壮，呈粉色。雄鸟头顶深灰色，背部栗褐色，腰部黄色或黄绿色，初级飞羽基部黄色，形成显著的黄色翼斑，飞行时格外醒目。雌鸟与雄鸟相似，但头顶偏褐色，金黄色区域稍小且不如雄鸟鲜艳。

北京市重点保护野生动物。在《中国生物多样性红色名录——脊椎动物卷（2020）》中被列为无危（LC）。在各区均可见到。

生活习性：冬季有数百只以上的集群现象，可能有短距离的迁徙行为。主要食用植物果实、种子等，也食用少量昆虫。

在电线上休息的金翅雀（供图：宁杨翠）

在树上休息的金翅雀（供图：宁杨翠）

两栖动物

两栖动物是生物界的重要类群之一，作为最早从水中来到陆地上生存的脊椎动物，两栖动物的出现是动物进化史上的一次巨大飞跃。据估计，全球现存的两栖动物种类有8300余种。我国共有两栖动物3目13科70属630种。根据2023年发布的北京市陆生野生动物名录，北京市共有野生两栖类动物7种。

本图册两栖类动物部分从物种分类、生长特性、保护级别、濒危等级、生活习性等方面介绍了分布在北京市的全部野生两栖动物，其中分类遵循"中国两栖类"信息系统，其他信息以实地调查为基础，结合《常见两栖动物野外识别手册》《中国动物志——两栖纲（中卷）无尾目》及中国两栖类网站等进行描述。

中华蟾蜍

学名：*Bufo gargarizans*

拼音：zhōng huá chán chú

俗名：中华大蟾蜍、癞蛤蟆

物种介绍：无尾目蟾蜍科，为两栖动物。中华蟾蜍，雄蟾体长62～106毫米，雌蟾体长70～121毫米。体形如蛙，四肢比蛙粗壮。头宽大，口阔，吻端圆，吻棱显著；舌椭圆形；口内无犁骨齿，上、下颌亦无齿；皮肤粗糙，全身布满大小不等的圆形瘰疣，头顶部两侧有一对大而发达的耳后腺。

在《中国生物多样性红色名录——脊椎动物卷（2020）》中被列为无危（LC）。各区均可见到。

生活习性：白天栖息于河边、草丛、石头缝隙等阴暗潮湿的地方，傍晚至清晨常在塘边、沟沿、河岸、田边、菜园、路旁或房屋周围觅食，夜间和雨后最为活跃。

中华蟾蜍（供图：陈龙）

夜晚在路上捕猎的中华蟾蜍（供图：全璟纬）

在水中的中华蟾蜍（供图：全璟纬）

花背蟾蜍

学名：*Strauchbufo raddei*

拼音：huā bèi chán chú

俗名：麻癞呱、癞蛤蟆

物种介绍：无尾目蟾蜍科，为两栖动物。花背蟾蜍体长约6厘米，雌性大于雄性。雄性花背蟾蜍体背棕灰色，有疣粒；雌性体背色较浅，斑纹颜色鲜艳。四肢有褐色花纹。腹部多为乳白色。

北京市重点保护野生动物。在《中国生物多样性红色名录——脊椎动物卷（2020）》中被列为无危（LC）。

生活习性：花背蟾蜍在夏季及初秋，白天多匿居在草石下或土穴中，黄昏时在农作物或草丛中觅食。冬季在池沼、沟渠的水下淤泥中过冬。

正在草丛中伺机捕食的雌性花背蟾蜍（供图：全璟纬）

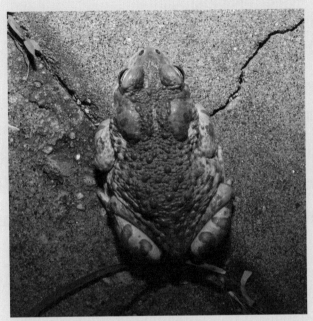

雄性花背蟾蜍（供图：全璟纬）

亚成体花背蟾蜍（供图：韩兴志）

东方铃蟾

学名： *Bombina orientalis*

拼音： dōng fāng líng chán

俗名： 臭蛤蟆、红肚皮蛤蟆

物种介绍： 无尾目盘舌蟾科，为两栖动物。东方铃蟾体长一般为 4~5 厘米。体背深褐色，密布小疣粒，具黑色斑点。腹部橘红色，具黑色斑点。指和趾尖端呈橘红色。

在《中国生物多样性红色名录——脊椎动物卷（2020）》中被列为无危（LC）。集中分布在北京西部山区。

生活习性： 栖息于海拔 100~900 米的低山山区，多见于溪流、水田及路边。受到威胁时四肢蜷缩，露出腹部。

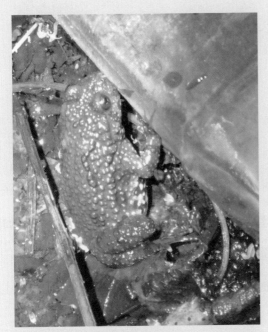

东方铃蟾（供图：韩兴志）

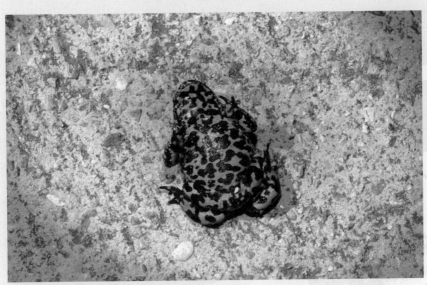

受到威胁时腹部朝上的东方铃蟾（供图：全璟纬）

太行林蛙

学名：*Rana taihangensis*

拼音：tài háng lín wā

俗名：蛤蟆

物种介绍：无尾目蛙科，为两栖动物。雌蛙体长71~90毫米。两眼间深色横纹及鼓膜处三角斑清晰，背面与体侧有分散的黑斑点。四肢横斑清晰；腹面灰色斑点颇多，有的甚至自咽至腹后都有斑纹。

在《中国生物多样性红色名录——脊椎动物卷（2020）》中被列为无危（LC）。各区均可见到。

生活习性：喜欢生活在海拔200米以上的山间溪流中。

太行林蛙（供图：韩兴志）

太行林蛙（供图：陈龙）

太行林蛙（供图：李昂）

金线侧褶蛙

学名：*Pelophylax plancyi*

拼音：jīn xiàn cè zhě wā

俗名：金线蛙

物种介绍：无尾目蛙科，为两栖动物。金线侧褶蛙体背面绿色或橄榄绿色，鼓膜及背侧褶棕黄色。头略扁，吻端钝圆。背面皮肤光滑或有疣粒，体侧疣粒明显，背侧褶宽而明显，直达胯部，鼓膜上方的褶较窄，其后逐渐宽厚。

与黑斑侧褶蛙相比，金线侧褶蛙背侧褶粗大隆起、呈金黄色。

北京市重点保护野生动物。在《中国生物多样性红色名录——脊椎动物卷（2020）》中被列为无危（LC）。各区均有分布。

生活习性：多栖息于海拔 50～200 米稻田区内的池塘，在藕塘和池塘附近的稻田内也常能见到。夜间外出觅食，主要以水生动物为食，另外还可捕食多种昆虫。鸣叫声似小鸡，匍匐静栖时较少鸣叫，急速运动时常伴有鸣叫，且叫声短促。

122

右上为黑斑侧褶蛙、左下为金线侧褶蛙（供图：全璟纬）

夜间活动的金线侧褶蛙（供图：陈龙）

金线侧褶蛙个体特写（供图：韩兴志）

黑斑侧褶蛙

学名: *Pelophylax nigromaculatus*

拼音: hēi bān cè zhě wā

俗名: 青蛙、田鸡

物种介绍: 无尾目蛙科,为两栖动物。雄性体长5~7厘米,雌性明显大于雄性。头长大于头宽;吻部略尖,吻端钝圆,突出于下唇,鼻孔在吻眼中间,鼻间距等于眼睑宽,眼大而突出。体背面颜色多样,有淡绿色、黄绿色、深绿色、灰褐色等,杂有许多大小不一的黑横纹。

在《中国生物多样性红色名录——脊椎动物卷(2020)》中被列为近危(NT)。各区均可见到。

生活习性: 喜欢生活在沿海平原至海拔2000米左右的丘陵、山区,常见于水田、池塘、湖泽、水沟等静水或水流缓慢的河流附近。白天隐蔽于草丛或泥窝内,黄昏和夜间活动;跳跃力强,一次跳跃距离可达1米以上。以昆虫纲、腹足纲、蛛形纲等动物为食。成蛙在10—11月进入冬眠,次年3—5月出蛰。

黑斑侧褶蛙（供图：陈龙）

黑斑侧褶蛙（供图：韩兴志）

黑斑侧褶蛙（供图：全璟纬）

北 方 狭 口 蛙

学名：*Kaloula borealis*

拼音：běi fāng xiá kǒu wā

俗名：气蛤蟆

物种介绍：无尾目姬蛙科，为两栖动物。北方狭口蛙体型较小，体长一般不超过5厘米，头较宽，吻短而圆，前肢细长，后肢粗短，皮肤厚而较光滑，体背呈棕褐色，腹部色浅。北方狭口蛙不善于跳跃，多爬行，有爬树的习性。

北京市重点保护野生动物。在《中国生物多样性红色名录——脊椎动物卷（2020）》中被列为无危（LC）。各区均有分布。

生活习性：栖息于海拔50~1200米的平原和山区。一般在大雨之后的集水坑中集中出现和繁殖，以各种昆虫和树根、花草的花、叶为食。

夜间活动的北方狭口蛙（供图：全璟纬）

正在爬树的北方狭口蛙（供图：全璟纬）

受到惊吓的北方狭口蛙（供图：全璟纬）

北方狭口蛙特写（供图：全璟纬）

北方狭口蛙特写（供图：陈龙）

爬行动物

爬行动物是生物界的重要类群之一。截至 2016 年，世界爬行动物总数约为 10391 种。我国共有爬行动物 461 种。根据 2021 年公布的北京市陆生野生动物名录，北京市共有野生爬行动物 23 种。

本图册的爬行动物部分，从物种分类、生长特性、保护级别、濒危等级、生活习性等方面介绍了分布在北京市的几种有代表性的野生爬行动物，其中分类遵循《中国爬行纲动物分类厘定》，其他信息以实地调查为基础，结合《常见爬行动物野外识别手册》《中国动物志——爬行纲（第三卷）有鳞目蛇亚科》《中国蛇类》进行描述。

无蹼壁虎

学名：*Gekko swinhonis*

拼音：wú pǔ bì hǔ

俗名：爬墙虎、守宫

物种介绍：蜥蜴目壁虎科，为爬行动物。无蹼壁虎成体全长 10~15 厘米，身体扁平。无活动眼睑，耳孔小，卵圆形，舌长。无蹼壁虎身体背面一般呈灰棕色，其深浅程度与生活环境及个体大小有关。指、趾间无蹼。

在《中国生物多样性红色名录——脊椎动物卷（2020）》中被列为易危（VU）。无蹼壁虎是中国特有种。各区均可见到。

生活习性：无蹼壁虎是夜行性蜥蜴，白天藏身在阴暗的树洞、石下或房屋的墙壁缝隙中，因其趾下有瓣，能爬行于墙壁或天花板上，夜间在厕所或其他有灯光处昆虫较多的地方，能快速追赶并伸出舌头粘捕小型昆虫。

无蹼壁虎背面（供图：全璟纬）

无蹼壁虎侧面（供图：韩兴志）

山地麻蜥

学名： *Eremias brenchleyi*

拼音： shān dì má xī

俗名： 四脚蛇、马蛇子

物种介绍： 蜥蜴目蜥蜴科，为爬行动物。山地麻蜥成体全长 10~15 厘米，为小型蜥蜴。体背黄褐色或浅褐色。尾细长。幼体尾部呈蓝灰色。

在《中国生物多样性红色名录——脊椎动物卷（2020）》中被列为无危（LC）物种。各山区均有分布。

生活习性： 多栖息于平原、高原和丘陵地带，主要生活在阳面坡。

山地麻蜥（供图：全璟纬）

山地麻蜥（供图：陈龙）

黄纹石龙子

学名: *Plestiodon capito*

拼音: huáng wén shí lóng zǐ

俗名: 石蛇子、石龙子

物种介绍: 蜥蜴目石龙子科, 为爬行动物。黄纹石龙子成体全长15~20厘米, 为小型蜥蜴。幼体体背黑褐色, 尾部为亮蓝色。成体体侧纵纹呈褐色, 边缘较为平直。

北京市重点保护野生动物。在《中国生物多样性红色名录——脊椎动物卷（2020）》中被列为无危（LC）。其为中国特有种。主要分布在山区。

生活习性: 多栖息于山间溪流两侧的石下或草丛中, 也常见于林缘、农田的石堆或草地。以昆虫为食。

雄性黄纹石龙子（供图：宁杨翠）

雌性黄纹石龙子（供图：韩兴志）

赤链蛇

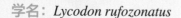

学名： *Lycodon rufozonatus*

拼音： chì liàn shé

俗名： 红斑蛇

物种介绍： 有鳞目游蛇科，为爬行动物。赤链蛇成体全长 1~1.5 米，是中等大小的后勾牙毒蛇。头较宽扁，体背黑色伴有等距离排列的红斑，腹部为白色。

在《中国生物多样性红色名录——脊椎动物卷（2020）》中被列为无危（LC）。各区均有分布。

生活习性： 常见于田野、竹林、村舍及水域附近。以蛙类、鱼类、蜥蜴及鸟类为食。性较凶猛。多在傍晚出来活动，属夜行性蛇类。

赤链蛇（供图：全璟纬）

赤链蛇（供图：陈龙）

黑眉锦蛇

学名： *Elaphe taeniurus*

拼音： hēi méi jǐn shé

俗名： 菜花蛇

物种介绍： 有鳞目游蛇科，为爬行动物。黑眉锦蛇成体可达 2 米左右，是大型无毒蛇。头较大，眼后有一粗大黑色眉纹。体背黄色或黄绿色，体侧有黑色斑纹，体后段两侧各有一道黑褐色纵线，汇合延伸至尾末。

北京市重点保护野生动物。在《中国生物多样性红色名录——脊椎动物卷（2020）》中被列为濒危（EN）。

生活习性： 喜欢生活平原、丘陵、山区。晨昏活动，捕食鸟类、蛙类等。

路面上的黑眉锦蛇（供图：韩兴志）

虎斑颈槽蛇

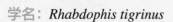

学名： *Rhabdophis tigrinus*

拼音： hǔ bān jǐng cáo shé

俗名： 虎斑游蛇

物种介绍： 有鳞目游蛇科，为爬行动物。虎斑颈槽蛇成体全长 80 厘米左右，是中等大小的后勾牙毒蛇。颈背正中有颈槽。体背草绿色、青绿色或深绿色，躯干前段自颈后有黑红色斑块。

在《中国生物多样性红色名录——脊椎动物卷（2020）》中被列为无危（LC）。各区均可见到。

生活习性： 喜欢生活于山地、丘陵、平原地区的河流、湖泊、水库、水渠、稻田附近。受到惊吓时常直立起前半身。以蛙、蟾蜍、蝌蚪和小鱼为食，也吃昆虫、鸟类、鼠类。

虎斑颈槽蛇（供图：韩兴志）

玉斑丽蛇

学名：*Euprepiophis mandarinus*

拼音：yù bān lì shé

俗名：美人蛇

物种介绍：有鳞目游蛇科，为爬行动物。玉斑丽蛇成体全长120~140厘米，是中等大小无毒蛇。背面黄褐色，分布有黑色菱形斑，菱形斑中心为黄色，外围镶极细的黄边。腹面白色。

北京市重点保护野生动物。在《中国生物多样性红色名录——脊椎动物卷（2020）》中被列为易危（NT）。主要分布在山区。

生活习性：多栖息在平原、丘陵、山区。捕食鱼类、蛙类、蜥蜴、小型哺乳动物。

玉斑丽蛇（供图：全璟纬）

短尾蝮

学名：*Gloydius brevicaudus*

拼音：duǎn wěi fù

俗名：草上飞

物种介绍：有鳞目蝰科，为爬行动物。短尾蝮成体全长50~70厘米，是中等大小管牙类毒蛇。背面黄褐色，左右两侧各有一行圆斑。

北京市重点保护野生动物。在《中国生物多样性红色名录——脊椎动物卷（2020）》中被列为近危（NT）。其为中国特有种。主要分布在山区。

生活习性：多在夜间活动，捕食鱼类、蛙类、蜥蜴、小型哺乳动物。

攻击姿态的短尾蝮（供图：全璟纬）

爬行状态的短尾蝮（供图：韩兴志）

警觉状态的短尾蝮（供图：韩兴志）

鱼类

序号	物种	学名	页码
1	红鳍鮊	*Sarcocheilichthys sciistius*	139
2	宽鳍鱲	*Zacco platypus*	140
3	马口鱼	*Opsariichthys bidens*	141
4	棒花鱼	*Abbottina rivularis*	142
5	麦穗鱼	*Pseudorasbora parva*	143

　　鱼类是水生生态系统中的重要组成部分，在维护生态平衡特别是水资源环境安全方面发挥着关键作用。我国是全球淡水鱼种类最多的国家之一，在全球16000多种淡水鱼中，我国约有1600多种，占10%左右，分布于全国各地多种类型的水域，适应范围广泛，区系构成复杂，形态多样。

　　北京市水体中自然分布的野生鱼类为78种，包括5种分布于咸淡水中的鱼类，如果将其去除，真正在北京地区分布的纯淡水鱼类数量为73种。

　　本图册鱼类部分，从物种分类、生长特性、保护级别、濒危等级、生活习性等方面介绍了红鳍鮊、宽鳍鱲、马口鱼、棒花鱼和麦穗鱼等代表性鱼类，以实地调查为基础，结合《中国生物物种名录 第二卷上 动物——脊椎动物Ⅴ鱼类》及《北京及其邻近地区的鱼类：物种多样性、资源评价和原色图谱》进行描述。

红鳍鲹

学名： *Sarcocheilichthys sciistius*

拼音： hóng qí quán

俗名： 花腰、花玉穗

物种介绍： 鲤科鲹属，体色特别，体背侧上部灰黑色，兼有黑褐色斑块，腹部灰白色，体侧沿纵轴有黑色纵纹，鳃盖、峡部、胸部等处橘黄色。生殖季节，雄鱼头部出现珠星，胸鳍、腹鳍、臀鳍等呈橘红色或橘黄色。

在《中国生物多样性红色名录——脊椎动物卷（2020）》中被列为无危（LC）。主要分布于我国东部平原或低山地区河流中，在北京市多分布于山区河流浅水河段。

生活习性： 分布于相对干净的小河流，多在水体中下层活动，摄食水生昆虫、枝角类、桡足类、植物碎片等。

红鳍鲹（供图：赵亚辉）

宽鳍鱲

学名： *Zacco platypus*

拼音： kuān qí liè

俗名： 桃花鱼、双尾鱼、红翅膀

物种介绍： 鲤科鱲属，背部灰黑色，腹部银白色，体侧有垂直的或明或暗的黑色条纹，条纹间夹杂一些不规则的粉红色斑点。繁殖季节，雄鱼具有漂亮的婚姻色，吻部有明显的珠星。

在《中国生物多样性红色名录——脊椎动物卷（2020）》中被列为无危（LC）。主要分布在北京市北部的怀柔区的青龙峡、密云区的密云水库等地，在东部和南部地区较罕见。

生活习性： 喜欢栖息于山区底质为砂石或砾石的河流中，通常集群活动，性活泼，喜跃出水面，摄食水生昆虫以及一些藻类。

宽鳍鱲（供图：赵亚辉）

马口鱼

学名： *Opsariichthys bidens*

拼音： mǎ kǒu yú

俗名： 花杈鱼、马口

物种介绍： 鲤科马口鱼属。体延长，形态侧扁，头较大，背部及腹部较圆。眼球上方常有类似胎记的红色斑块，非繁殖期鳍呈浅灰色；繁殖期，雄鱼呈现婚姻色，吻部有明显的珠星。

在《中国生物多样性红色名录——脊椎动物卷（2020）》中被列为无危（LC）。主要分布于北京市近山地区的水质清澈、水面广阔的河流、湖泊（如颐和园、昆明湖）和水库。

生活习性： 喜欢栖息于山区溪流，在水流较急、水质清澈、底质多砂砾石的河段，及山区、近山区水质清澈的大水面湖泊。幼鱼摄食浮游生物，成鱼主要以鱼类和水生无脊椎动物等为食。

马口鱼（供图：孙智闲）

141

棒花鱼

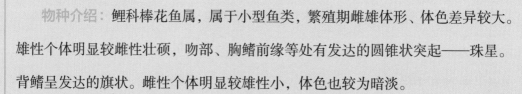

学名： *Abbottina rivularis*

拼音： bàng huā yú

俗名： 爬虎鱼

物种介绍： 鲤科棒花鱼属，属于小型鱼类，繁殖期雌雄体形、体色差异较大。雄性个体明显较雌性壮硕，吻部、胸鳍前缘等处有发达的圆锥状突起——珠星。背鳍呈发达的旗状。雌性个体明显较雄性小，体色也较为暗淡。

分布较为广泛，种群数量较多，是北京地区最常见的鱼类之一。在《中国生物多样性红色名录——脊椎动物卷（2020）》中被列为无危（LC）。北京市各区的河流、湖泊、水库、沟塘等水体均有分布。

生活习性： 喜欢停留在缓流或静水的浅水处或底泥砂石上。主要摄食水生昆虫及其幼虫、植物碎屑和藻类等。

棒花鱼（供图：田晨）

麦 穗 鱼

学名： *Pseudorasbora parva*

拼音： mài suì yú

俗名： 麦穗儿、罗汉鱼

物种介绍： 鲤科麦穗鱼属，体细长，稍侧扁，尾柄稍宽，腹部略圆。口亚上位，眼中等大。体侧常具一横贯身体的黑色条线。

小型淡水鱼类，常生活在浅水区。在《中国生物多样性红色名录——脊椎动物卷（2020）》中被列为无危（LC）。分布广泛，适应的水域生态环境极为宽泛，是自然水域中较常见的鱼，在北京市大部分河流、湖泊和水库均有分布。

生活习性： 产卵期为每年的4—6月，卵椭圆形，成串黏附在石片、蚌壳等物体上，孵化期雄鱼有护巢的习性。食性杂，主要摄食浮游动物。

麦穗鱼（供图：田晨）

昆虫

　　昆虫在生态系统中扮演着非常重要的角色。虫媒花需要得到昆虫的帮助，才能传播花粉；而蜜蜂采集的蜂蜜，也是人们喜欢的食品之一；昆虫是蜥蜴、青蛙、小型鸟类的重要食物来源。据估计，全世界现存的昆虫可能有300万～1000万种。目前，全世界已知的昆虫种类约100万种，中国已知的昆虫约10万种，占据了动物界已知种类的2/3～3/4，数量更是无法计数，从高山到平原，从湖泊到小溪，从寒带到热带，昆虫的踪迹几乎遍布世界的每一个角落，堪称目前演化最为成功的一个类群。本图册昆虫部分从物种分类、生长特性、保护级别、濒危等级、生活习性等方面介绍了棘角蛇纹春蜓、黄脉翅萤等代表性昆虫。

棘角蛇纹春蜓

学名： *Ophiogomphus spinicornis*

拼音： jí jiǎo shé wén chūn tíng

俗名： 宽纹北箭蜓

物种介绍： 蜻蜓目春蜓科。雄性腹长 40 毫米、后翅 35 毫米、翅痣 4 毫米，雌性腹长 47 毫米、后翅 40 毫米。上、下唇均为黄色，上唇边缘具黄色毛，下唇具黑色毛。头顶黑色，单眼上方具 1 半弧形隆脊，上被黑色毛，后方有 1 大黄斑。具黑色长毛的后头缘两侧各有 1 个黑色齿状突起。前胸黑色，具黄斑。合胸大部分红黄色，脊部黄色，背条纹甚宽。翅透明，后翅约 35 毫米，翅痣 4 毫米，红褐色。腹部红黄色，两侧各具 1 黑色条纹，延至第 9、第 10 两节背面形成 1 椭圆形黄斑。雌性与雄性基本相同，腹较长，后头缘两侧具后头角 1 对。

国家二级保护野生动物。

生活习性： 对生存环境要求严格，喜欢栖息于海拔 1000 米以下的山区溪流，而这些低海拔区域也是人类活动较为密集的场所，因此，人类活动很容易对其产生干扰。稚虫时期在溪流中度过，生长过程会受到水质和水生植被等条件的影响。

棘角蛇纹春蜓（供图：张旭）

棘角蛇纹春蜓（供图：宁杨翠）

联纹小叶春蜓

学名：*Gomphidia confluens*

拼音：lián wén xiǎo yè chūn tíng

俗名：无

物种介绍：蜻蜓目春蜓科。胸部前端是黑色的，上面有一对"7"字形黄色花纹，侧面是黄色，上面点缀有黑色条纹，腹部也是黑色，带有黄色花纹，腹部末端膨大，翅膀是透明的，上面分布有黑色条纹。通常，成虫体长约 55 毫米，翅膀展开时，两前翅翅尖之间的距离可达 85 毫米。

生活习性：稚虫在水中发育，经过多次蜕皮爬出水面羽化成成虫。适应能力很强，成虫常常栖息在溪流边和池塘边，喜欢在空旷的水面上飞行，累了就落在水面的挺水植物上休息。每年的 4—8 月，在北京市的湿地水面上常常可以见到。

联纹小叶春蜓（供图：宁杨翠）

147

玉 带 蜻

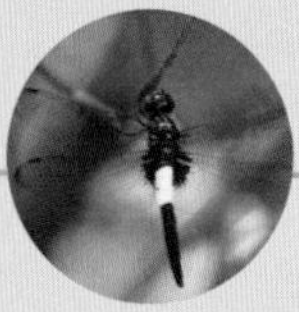

学名：*Pseudothemis zonata*

拼音：yù dài qīng

俗名：无

物种介绍：蜻蜓目蜻科。雄虫腹长约 30 毫米，后翅长 30 毫米。体黑色，头顶及瘤状突蓝黑色，额黄色。胸部具黄色长毛，背条纹不明显，肩前下条纹黄色，胸部两侧各具 2 条黄色斜条纹。翅透明，翅痣黑色，前缘附近略带黄色，翅端与翅基有黑褐斑；后翅基的斑大。足黑色。腹部第三、第四节黄白色；上肛附器黑褐色。

生活习性：生活在林间的池塘、湖泊、沼泽等大面积静水环境周围。

雄性玉带蜻（供图：宁杨翠）

雌性玉带蜻（供图：全璟纬）

白 扇 蟌

学名：*Platycnemis foliacea*

拼音：bái shàn cōng

俗名：无

物种介绍：蜻蜓目扇蟌科。小型蟌类，成虫腹长约 32 毫米，后翅长约 21 毫米。中胸背堤黄色，雄虫中后足胫节均扩张如白扇状（白色叶片状）因此而得名，类似种黄扇蟌（*P. marginipes*）中胸背堤黑色，雄虫中后足胫节扩张如黄扇，复眼间有暗色横条；扇蟌（*P. annu1ata*）与黄扇蟌相似，复眼间仅有点纹。腹部第 3~7 节各节基部具黄白色环。

生活习性：雌虫把小卵块产于水生植物的水上部分，在静水的植物上能发现附着的稚虫。

白扇蟌雄虫（供图：宁杨翠）

菜粉蝶

学名：*Pieris rapae*

拼音：cài fěn dié

俗名：无

物种介绍：鳞翅目粉蝶科。菜粉蝶别名菜白蝶，幼虫又称菜青虫。翅展37~50毫米，体黑色，胸部密被白色及灰黑色长毛，翅白色。雌虫前翅前缘和基部大部分为黑色，顶角有一个大三角形黑斑，中室外侧有两个黑色圆斑，前后并列。后翅基部灰黑色，前缘有一个黑斑，翅展开时与前翅后方的黑斑相连接。

生活习性：菜粉蝶属完全变态发育。主要寄主为十字花科、白花菜科、菊科、金莲花科等植物。幼虫主要取食十字花科蔬菜，以结球甘蓝、花椰菜和球茎甘蓝等为主。

菜粉蝶访天人菊的花（供图：宁杨翠）

菜粉蝶访花蔄（供图：宁杨翠）

黄 钩 蛱 蝶

学名: *Polygonia c-aureum*

拼音: huáng gōu jiá dié

俗名: 无

物种介绍: 鳞翅目蛱蝶科。翅展 48~57 毫米。雌雄差异不大，雌蝶色泽略偏黄色，雄蝶前足跗节只有 1 节，而雌蝶有 5 节。翅面黄褐色，翅缘凹凸分明，前翅中室内有三个黑斑。后翅腹面中域有一银白色 "C" 形图案。

生活习性: 成虫主要发生在春末至夏季，动作敏捷。幼虫体表布满枝刺，颜色非常漂亮，以桑科的葎草为食，也有记载取食榆、梨等植物的叶子。

黄钩蛱蝶访阿尔泰狗娃花（供图：宁杨翠）

黄钩蛱蝶访美丽向日葵（供图：宁杨翠）

黄钩蛱蝶访荷兰菊（供图：宁杨翠）

小 环 蛱 蝶

学名：*Neptis sappho*

拼音：xiǎo huán jiá dié

俗名：无

物种介绍：鳞翅目蛱蝶科。翅展 45 毫米。翅面黑色，前翅中室有一白色纵纹，断续状；翅反面棕红色。翅展 45~51 毫米。翅面黑色，斑纹白色前翅中室有一白色纵纹，断续状；翅反面棕红色。端部呈三角形，中域内的白斑呈弧形排列。反面翅褐色，前翅基部沿外缘至中室三角形斑具一白色细纹，后翅横带两侧无黑褐色外围线。

生活习性：飞行缓慢，喜滑翔。一年 1~2 代，以老熟幼虫越冬。幼虫取食胡枝子等植物的叶子。

小环蛱蝶（供图：陈龙）

二 尾 蛱 蝶

学名：*Polyura narcaea*

拼音：èr wěi jiá dié

俗名：弓箭蝶

物种介绍：鳞翅目蛱蝶科。后翅具一向后延伸的尾突而得名，飞行速度快，野外难以接近。翅淡绿色，前后翅外缘有黑色宽带，前翅黑带中有淡绿色斑列，后翅黑带间为淡绿色带。后翅两尾呈剪形突出，黑褐色，二尾蛱蝶前后翅斑纹酷似我国古代军事上常用的弓箭图形，又称为"弓箭蝶"。

生活习性：多活动于林间的开阔地及山谷间，雄性成虫特别喜欢吸食动物的粪便。

在地面休息的二尾蛱蝶（供图：张旭）

丝带凤蝶

学名： *Sericinus montelus*

拼音： sī dài fèng dié

俗名： 软凤蝶

物种介绍： 鳞翅目凤蝶科。翅展 42~70 毫米。雌雄在翅面的斑纹上明显不同，雌性在翅面上布满黑褐色的斑纹。后翅尾突的长度在不同的发生期有明显的差异，常常以夏季的个体（夏型）较长。在北京市，成虫出现于 4—9 月，飞翔轻缓，在山区数量较多，常常几头在一起轻舞。丝带凤蝶是非常珍贵的蝶种，在国内曾被列为 14 种珍贵蝴蝶种类之一。

生活习性： 丝带凤蝶栖息于中低海拔阔叶林区、溪流、田地等场所。成虫飞行较缓慢，常以滑翔的姿态飞行，有落地吸水的习性。幼虫取食马兜铃叶片、嫩梢及幼果等。

丝带凤蝶雄虫（供图：宁杨翠）

丝带凤蝶雌虫（供图：陈龙）

柑橘凤蝶

学名：*Papilio xuthus*

拼音：gān jú fèng dié

俗名：花椒凤蝶

物种介绍：鳞翅目凤蝶科。体、翅的颜色随季节不同而变化，翅上的花纹黄绿色或黄白色。前翅中室基半部有放射状斑纹4~5条，到端部断开，几乎相连，端半部有2个横斑；外缘排列十分整齐而规则。后翅基半部的斑纹都是顺脉纹排列，被脉纹分割；在亚外缘区有1列蓝色斑，有时不十分明显；外缘区有1列弯月形斑纹，臀角有1个环形或半环形红色斑纹。翅反面色稍淡，前、后翅亚外区斑纹明显，其余与正面相似。

生活习性：幼虫取食花椒、柑橘类植物，成虫有访花习惯，经常在湿地吸水或在花间采蜜。一生经过卵、幼虫、蛹、成虫4个阶段，是完全变态的昆虫。

柑橘凤蝶访百日菊（供图：全璟纬）

柑橘凤蝶访药八宝（供图：宁杨翠）

159

红灰蝶

学名： *Lycaena phlaeas*

拼音： hóng huī dié

俗名： 铜灰蝶

物种介绍： 鳞翅目灰蝶科。红灰蝶是一种看上去可爱而又活泼的美丽蝴蝶。红灰蝶的个头和其他灰蝶差不多，都是小型蝶类，翅展3.5厘米左右。红灰蝶前翅橙红色，中室中部和端部各有一黑色斑；后翅黑褐色。

生活习性： 红灰蝶幼虫取食巴天酸模、小酸模、何首乌等植物叶片，在北京市分布广泛。

红灰蝶访红蓼的花（供图：宁杨翠）

红灰蝶访朝天委陵菜（供图：陈龙）

黄脉翅萤

学名：*Curtos costipennis*

拼音：huáng mài chì yíng

俗名：萤火虫

物种介绍：鞘翅目萤科。成虫体色为橙黄色，翅鞘的左、右翅缘各有一道纵向隆翅，因此称为"黄脉翅萤"。体长 4.5~5.5 毫米，如米粒大小，身体为淡黄褐色，头部、翅端和足部为黑色。尾部有一个发光器，能发出黄绿色的荧光。点点荧光点缀夜空，草丛里一明一灭，非常奇妙。眼睛是复眼结构，视觉非常灵敏，能识别同类的发光。夜间利用亮光"灯语"和同伴沟通，寻找配偶。

生活习性：喜欢栖息在小树林里，一年发生一代，每年五月开始，幼虫上岸羽化。幼虫捕食蜗牛以及昆虫尸体等，成虫大多以花蜜或果实汁液为食。成虫的寿命很短，一般为两周，北京市每年七八月为成虫的盛发期。

黄脉翅萤在叶片上休息（供图：金宸）

黄脉翅萤在交尾（供图：张旭）

褐黄前锹甲

学名：*Prosopocoilus blanchardi*

拼音：hè huáng qián qiāo jiǎ

俗名：无

物种介绍：鞘翅目锹甲科。成年雄性最大体长可超过 7 厘米，褐黄前锹甲体黄褐色至褐红色，头、前胸背板、小盾片和鞘翅边缘多为黑色或暗褐色；上颚端部、前胸背板中央色泽深，在前胸背板两侧近后角处有一灰黑色圆斑。

生活习性：属于北京市最常见的锹甲，常常聚集在榆树等植物粗大的树干上，取食破损处流出的树汁。

褐黄前锹甲雄虫和雌虫（供图：全璟纬）

褐黄前锹甲雄虫（供图：李昂）

金绿宽盾蝽

学名： *Poecilocoris lewisi*

拼音： jīn lǜ kuān dùn chūn

俗名： 无

物种介绍： 半翅目盾蝽科。若虫似大熊猫一样的黑白配色，但成虫有着金属绿加其他颜色的耀眼配色，是蝽类家族中颜色比较鲜艳的物种。体长 13.5～15.5 毫米，宽 9～10 毫米。体宽椭圆形。触角蓝黑，足及身体下方黄色，体背是有金属光泽的金绿色，前胸背板和小盾片有艳丽的条状斑纹。

生活习性： 一年一代，以五龄若虫在落叶和石块下越冬。取食侧柏、榆、桑等植物。5月中旬可见成虫。

金绿宽盾蝽若虫（供图：宁杨翠）

金绿宽盾蝽成虫（供图：金宸）

大型真菌

　　大型真菌是指菌物资源中能形成大型子实体的一类真菌,泛指广义上的蘑菇或蕈菌。据估计,地球上大型真菌有 150000~160000 种,已知种类约 16000 种,根据《中国大型真菌物种名录》,我国大型真菌有 10000 余种,约占全球已知大型真菌总数的 60%。

　　北京市夏季植物繁盛,湿润多雨,为大型真菌生长和繁殖提供了良好的环境。现有资料尚未对北京地区大型真菌进行系统报道,仅在一些文献和书籍中对北京山区的大型真菌进行了零星统计,在延庆区、房山区、门头沟区、昌平区、怀柔区、密云区发现大型真菌 600 余种。

　　本图册列举了北京地区几种常见的大型真菌,以实地调查为基础,结合《中国大型菌物资源图鉴》《北京大型野生真菌图册》,介绍了其分类、生长特征、受威胁等级、生活习性等物种信息,从科普层面增加对大型真菌的感官认识。本图册中鲍姆桑黄孔菌分类参考《中国生物多样性红色名录——大型真菌卷》,其他大型真菌分类参考《中国生物物种名录（2023 版）》中的真菌界,中文名称参考《中国生物多样性红色名录——大型真菌卷》。

鲍姆桑黄孔菌

学名： *Sanghuangporus baumii*

拼音： bào mǔ sāng huáng kǒng jūn

俗名： 无

物种介绍： 刺革菌科桑黄孔菌属，为重要的木材腐朽真菌及药用真菌。身体上有很多密密麻麻的小孔。寿命比较长，能生长数年，可以看到明显的生长轮。

在《中国生物多样性红色名录——大型真菌卷》中被列为无危（LC）。

生活习性： 主要生长在森林中阔叶树的活立木或垂死木上，最喜欢长在暴马丁香树上，就像树干上长出的耳朵，因为颜色与树干颜色相似，一般不易被发现。

鲍姆桑黄孔菌特写（供图：何双辉）

生长在丁香树上的鲍姆桑黄孔菌（供图：何双辉）

毛头鬼伞

学名：*Coprinus comatus*

拼音：máo tóu guǐ sǎn

俗名：鸡腿菇、鸡腿蘑

物种介绍：蘑菇科鬼伞属，为大型真菌。幼时菌盖圆筒形，后呈钟形，最后平展；菌褶初白色，后变为粉灰色至黑色，后期与菌盖边缘一同自溶为墨汁状。子实体成熟后，可产生鬼伞素，食用后会发生胃肠炎型中毒。

在《中国生物多样性红色名录——大型真菌卷》中被列为无危（LC）。

生活习性：夏秋季群生或单生于草地、林中空地、路旁或田野上。适应性强，生长季在北京市较为常见。

未开伞时期的毛头鬼伞（供图：刘春兰）

未开伞时期的毛头鬼伞（供图：何双辉）

成熟后的毛头鬼伞（供图：何双辉）

袋形地星

学名：*Geastrum saccatum*

拼音：dài xíng dì xīng

俗名：无

物种介绍：地星科地星属，为大型药用真菌。菌蕾呈扁球形、近球形、卵圆形、梨形，顶部呈喙状。成熟后外包被开裂成 5~8 瓣；内包被扁球形，顶部近圆锥形，成熟后会出现凹陷。

在《中国生物多样性红色名录——大型真菌卷》中被列为无危（LC）。

生活习性：夏秋季生于阔叶林和针阔混交林中的地面上，有时也生于林缘的空旷地面上，常埋生于土中。适应性强，在北京山区较为常见。

袋形地星（供图：何双辉）

点柄乳牛肝菌

学名： *Suillus granulatus*

拼音： diǎn bǐng rǔ niú gān jūn

俗名： 点柄黏盖牛肝菌

物种介绍： 乳牛肝菌科乳牛肝菌属，为大型食用、药用真菌。菌盖扁半球形或近扁平，边缘内卷，新鲜时呈橘黄色至褐红色，干后有光泽，变为黄褐色至红褐色；菌肉新鲜时呈奶油色，后呈淡黄色。

在《中国生物多样性红色名录——大型真菌卷》中被列为无危（LC）。

生活习性： 是一种外生菌根菌，常与松科植物"纠缠"，帮助它们生长。夏秋季会在松树林及针阔混交林地上散生、群生或丛生。

点柄乳牛肝菌（供图：何双辉）

蜜环菌

学名：*Armillaria mellea*

拼音：mì huán jūn

俗名：榛蘑、栎蘑

物种介绍：泡头菌科蜜环菌属，为大型野生食用、木生真菌。菌盖扁半球形至平展，蜜黄色至黄褐色，菌肉近白色至淡黄色，伤不变色，菌褶直生至短延生，菌环上位，菌柄圆柱形。

在《中国生物多样性红色名录——大型真菌卷》中被列为数据缺乏（DD）。

生活习性：夏秋季于树干基部、根部或倒木上丛生。

蜜环菌（供图：何双辉）

外来入侵生物

序号	物种	学名	页码
1	垂序商陆	*Phytolacca americana*	174
2	圆叶牵牛	*Ipomoea purpurea*	176
3	小蓬草	*Conyza canadensis*	178
4	美国白蛾	*Hyphantria cunea*	180
5	巴西龟	*Trachemys scripta elegans*	182

外来入侵生物是指通过自然以及人类活动等无意或有意地传播或引入异域的生物，通过归化自身建立可繁殖的种群，进而影响侵入地的生物多样性，使侵入地生态环境受到破坏，并造成经济影响或损失。目前，外来生物入侵已经成为严重的全球性环境问题，是导致区域和全球生物多样性丧失的重要因素之一。

原环境保护部联合中国科学院发布了 4 批"中国外来入侵物种名单"，共包含 71 种在中国危害极大的外来入侵物种。此外，还有几百种外来入侵生物未列其中，外来入侵生物的危害不容小觑。目前，北京市已发现列入 4 批名单的外来入侵物种 26 种，本图册列出了几个北京市发现的常见外来入侵生物，部分已形成入侵危害，需要引起人们的关注。

本图册中外来入侵植物的学名及分类学处理参考 Flora of China（FOC）以及原环境保护部联合中国科学院发布的"中国外来入侵物种名单"，外来入侵动物的学名及分类学处理参考"中国外来入侵物种名单"。

垂序商陆

学名： *Phytolacca americana*

拼音： chuí xù shāng lù

俗名： 十蕊商陆、美国商陆、洋商陆、垂穗商陆

物种介绍： 商陆科商陆属，多年生草本植物，高可达2米。根粗壮，肉质肥大。茎直立，圆柱形；叶片椭圆状卵形或卵状披针形，顶端急尖或渐尖，基部楔形。总状花序顶生或与叶对生，花白色，微带红晕，心皮合生。果序下垂，浆果扁球形；种子肾圆形，黑褐色。6—8月开花，8—10月结果。

生活习性： 原产于北美洲，现广泛分布于亚洲和欧洲。喜欢疏松深厚的土壤环境，生长在疏林下、路旁和荒地，常见于林地、果园、农田以及公园绿化地内。

主要危害： 2016年，被列入原环境保护部、中国科学院发布的《中国自然生态系统外来入侵物种名单（第四批）》。

垂序商陆全株有毒，根及浆果毒性最强，对人和牲畜有毒害作用。其繁殖力极强，可通过种子繁殖和营养繁殖；环境适应性强，生长迅速；具有一定的化感作用，同时叶片宽阔，能覆盖其他植物体，导致其他植物生长不良甚至死亡。这些特点使其能迅速形成单优群落，降低区域生物多样性水平，破坏生态平衡。

垂序商陆植株（供图：刘岩）

圆叶牵牛

学名： *Ipomoea purpurea*

拼音： yuán yè qiān niú

俗名： 牵牛花、喇叭花、紫花牵牛

物种介绍： 旋花科番薯属，一年生缠绕草本植物。叶片圆心形或宽卵状心形，基部圆，心形，两面疏或密被刚伏毛。花腋生，花序梗比叶柄短或近等长；花冠漏斗状，紫红色、红色或白色，花冠管通常白色，花丝基部被柔毛。蒴果近球形，种子卵状三棱形，黑褐色或米黄色，被极短的糠秕状毛。6—9月开花，9—10月结果。

生活习性： 原产于美洲，现广泛分布于世界各地。适应性很广，生于平地以至海拔2800米的田边、路边、宅旁或山谷林内。

主要危害： 2014年，被列入原环境保护部、中国科学院发布的《中国外来入侵物种名单（第三批）》。

圆叶牵牛为缠绕性草本，可缠绕和覆盖其他植物，造成后者生长不良，是庭院、果园等常见杂草。其适应性强，分布广泛，在北京市各地均有发现，部分区域已形成入侵态势。

圆叶牵牛的花和叶（供图：何毅）

圆叶牵牛（供图：刘岩）

小蓬草

学名： *Conyza canadensis*

拼音： xiǎo péng cǎo

俗名： 加拿大飞蓬、飞蓬、小飞蓬、小白酒草

物种介绍： 菊科白酒草属，一年生草本植物，全体绿色。根纺锤状。茎直立，有纵条纹，高可达100厘米或更高，上部多分枝。叶密集；茎下部叶倒披针形，顶端尖或渐尖，基部渐狭成柄，边缘具疏锯齿或全缘；茎中部和上部叶较小，线状披针形或线形，疏被短毛。头状花序多数，小，排列成顶生多分枝的大圆锥花序；花序梗细，总苞近圆柱状，总苞片淡绿色，线状披针形或线形。瘦果长圆形，长1.2~1.5毫米，冠毛污白色，一层，糙毛状。5—9月开花。

生活习性： 原产北美洲。现广布世界各地。常生长于旷野、荒地、田边和路旁，为一种常见的杂草。

主要危害： 2014年，被列入原环境保护部、中国科学院发布的《中国外来入侵物种名单（第三批）》。

小蓬草可以产生大量瘦果，繁殖蔓延极快，对秋收作物、果园和茶园危害严重。通过分泌化感物质抑制邻近其他植物的生长，破坏生态平衡。其是棉铃虫和棉蝽象的中间宿主，其叶汁和捣碎的叶对皮肤有刺激作用。

小蓬草植株（供图：刘岩）

小蓬草的花序（供图：刘岩）

美国白蛾

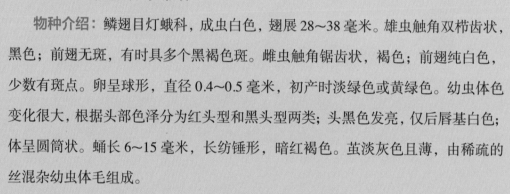

学名： *Hyphantria cunea*

拼音： měi guó bái é

俗名： 秋幕毛虫、秋幕蛾

物种介绍： 鳞翅目灯蛾科，成虫白色，翅展 28～38 毫米。雄虫触角双栉齿状，黑色；前翅无斑，有时具多个黑褐色斑。雌虫触角锯齿状，褐色；前翅纯白色，少数有斑点。卵呈球形，直径 0.4～0.5 毫米，初产时淡绿色或黄绿色。幼虫体色变化很大，根据头部色泽分为红头型和黑头型两类；头黑色发亮，仅后唇基白色；体呈圆筒状。蛹长 6～15 毫米，长纺锤形，暗红褐色。茧淡灰色且薄，由稀疏的丝混杂幼虫体毛组成。

生活习性： 原产于北美洲。现广泛分布于世界大部分区域。以蛹在树皮下或地面枯枝落叶处越冬，幼虫孵化后吐丝结网，群集网中取食叶片，叶片被食尽后，幼虫移至枝杈和嫩枝的另一部分编织新网。老熟幼虫沿树干下行，集中在树干老皮下及树干洞穴内、树周围表土层内或砖瓦土块下作茧化蛹。

主要危害： 2003 年，被列入原国家环保总局、中国科学院发布的《中国第一批外来入侵物种名单》。

其繁殖力强，扩散快，对恶劣环境具有极强的适应性。可危害果树、林木、农作物及野生植物等 200 多种植物，在果园密集的地方以及游览区、林荫道，发生严重时可将全株树叶食光，造成部分枝条甚至整株死亡，严重威胁养蚕业、林果业和城市绿化，造成惊人的损失。此外，被害树长势衰弱，易遭其他病虫害的侵袭，且抗寒抗逆能力降低。

美国白蛾卵（供图：王山宁）

美国白蛾幼虫（供图：金宸）

美国白蛾蛹（供图：王山宁）

美国白蛾成虫（供图：王山宁）

巴 西 龟

学名： *Trachemys scripta elegans*

拼音： bā xī guī

俗名： 巴西彩龟、巴西红耳龟

物种介绍： 龟科彩龟属，体形适中，指、趾间具蹼。头、颈、四肢、尾部具黄绿镶嵌粗细不均的纵纹，头部两侧各有 1 纵条红斑，老年个体包括红斑在内的彩纹消失，变为黑褐色。眼部角膜为黄绿色，中央有一黑点，吻钝。背腹甲密布黄绿镶嵌且不规则的斑纹。雌龟腹甲平坦，四肢的爪和尾较短；雄龟爪、尾较长，且肛门可显露在臀盾之外。

生活习性： 营水陆两栖生活，原产于密西西比河沿岸，现广泛分布于世界各地，对环境有较强的适应能力。常生活于河流、湖泊、溪流之中，并可离水上岸在不远处觅食。其生性凶猛，动作灵活，食性杂，摄食量大。

主要危害： 2014 年，被列入原环境保护部、中国科学院发布的《中国外来入侵物种名单（第三批）》。

巴西龟适应能力强、食量很大，在野外会大量地摄食鱼类、虾类、蟹类，排挤本地物种，对侵入地的物种和生态系统造成严重威胁。同时，自然条件下能大量地繁殖，会出现破坏环境、农作物的行为。此外，巴西龟能传播沙门氏杆菌，导致人体受到感染，威胁人类健康。

疑似放生的巴西龟（供图：朱金方）

成群的巴西龟（供图：韩兴志）

参考文献

蔡波，王跃招，陈跃英，等，2015.中国爬行纲动物分类厘定 [J].生物多样性，23(3): 365-382.

陈青君，刘松，等，2013.北京野生大型真菌图册 [M].北京：中国林业出版社.

费梁，胡淑琴，叶昌媛，等，2009.中国动物志 两栖纲（中卷） 无尾目 [M].北京：科学出版社.

高谦，1994.中国苔藓志：第一卷 [M].北京：科学出版社.

郭冬生，张正旺，2015.中国鸟类生态大图鉴 [M].重庆：重庆大学出版社.

贺士元，邢其华，尹祖棠，1992.北京植物志 [M].北京：北京出版社.

贺新生，龙章富，赵秋月，2021.中国大型真菌物种名录 [M].北京：中国农业出版社.

胡杰，胡锦矗，2017.哺乳动物学 [M].北京：科学出版社.

黄灏，张巍巍，2008.常见蝴蝶野外识别手册 [M].重庆：重庆大学出版社.

蒋明星，冼晓青，万方浩，2019.生物入侵：中国外来入侵动物图鉴 [M].北京：科学出版社.

蒋志刚，马勇，吴毅，等，2015.中国哺乳动物多样性及地理分布 [M].北京：科学出版社.

金效华，林秦文，赵宏，2020.中国外来入侵植物志：第四卷 [M].上海：上海交通大学出版社.

黎兴江 , 2000. 中国苔藓志 : 第三卷 [M]. 北京 : 科学出版社 .

李玉 , 2015. 中国大型菌物资源图鉴 [M]. 郑州 : 中原农民出版社 .

刘冰 , 秦文 , 李敏 , 2018. 中国常见植物野外识别手册（北京册）[M]. 北京 : 商务印书馆 .

齐硕 , 2019. 常见爬行动物野外识别手册 [M]. 重庆 : 重庆大学出版社 .

史静耸 , 2021. 常见两栖动物野外识别手册 [M]. 重庆 : 重庆大学出版社 .

魏辅文 , 杨奇森 , 吴毅 , 等 , 2021. 中国兽类名录 (2021 版)[J]. 兽类学报 , 41(5): 487-501.

闫小玲 , 严靖 , 王樟华 , 等 , 2020. 中国外来入侵植物志 : 第一卷 [M]. 上海 : 上海交通大学出版社 .

壹号图编辑部 , 2017. 哺乳动物图鉴 [M]. 南京 : 江苏凤凰科学技术出版社 .

张春光 , 邵广昭 , 伍汉霖 , 等 , 2020. 中国生物物种名录 第二卷 动物 脊椎动物（V） 鱼类 [M]. 北京 : 科学出版社 .

张浩淼 , 2020. 常见蜻蜓野外识别手册 [M]. 重庆 : 重庆大学出版社 .

张力 , 贾渝 , 毛俐慧 , 2016. 中国常见植物野外识别手册（苔藓册）[M]. 北京 : 商务印书馆 .

张巍巍 , 2007. 常见昆虫野外识别手册 [M]. 重庆 : 重庆大学出版社 .

赵尔宓 , 黄美华 , 宗愉 , 等 , 1998. 中国动物志 爬行纲 第三卷 有鳞目 蛇亚目 [M]. 北京 : 科学出版社 .

赵尔宓 , 2006. 中国蛇类 [M]. 合肥 : 安徽科学技术出版社 .

赵欣如 , 朱雷 , 2021. 北京鸟类图谱 [M]. 北京 : 中国林业出版社 .

赵亚辉 , 张春光 , 2013. 北京及其邻近地区的鱼类 : 物种多样性、资源评价和原色图谱 [M]. 北京 : 科学出版社 .

郑光美 , 2023. 中国鸟类分类与分布名录 [M].4 版 . 北京 : 科学出版社 .

中国科学院生物多样性委员会,2023.中国生物物种名录(2023版)[M].北京:中国科学院生物多样性委员会.

自然之友野鸟会,2014.常见野鸟图鉴——北京地区[M].北京:机械工业出版社.

本图册中物种保护等级依据以下政府文件:

国家林业和草原局,农业农村部,2021.国家重点保护野生动物名录(公告2021年第3号).北京:国家林业和草原局,农业农村部.

国家林业和草原局,农业农村部,2021.国家重点保护野生植物名录(公告2021年第15号).北京:国家林业和草原局,农业农村部.

北京市园林绿化局,北京市农业农村局,2022.关于发布《北京市重点保护野生动物名录》的公告(公告2022年第3号).北京:北京市园林绿化局,北京市农业农村局.

北京市人民政府,2023.关于公布北京市重点保护野生植物名录的通知(京政发〔2023〕15号).北京:北京市人民政府.

本图册中物种受威胁等级依据以下政府文件:

生态环境部,中国科学院,2023.中国生物多样性红色名录——高等植物卷(2020)(公告2023年第15号).北京:生态环境部,中国科学院.

生态环境部,中国科学院,2023.中国生物多样性红色名录——脊椎动物卷(2020)(公告2023年第15号).北京:生态环境部,中国科学院.

生态环境部,中国科学院,2018.中国生物多样性红色名录——大型真菌卷(公告2018年第10号).北京:生态环境部,中国科学院.

本图册中外来入侵生物依据以下政府文件:

国家环保总局,2003.关于发布中国第一批外来入侵物种名单的通知(环发〔2003〕11号).北京:国家环保总局.

环境保护部, 2010. 关于发布中国第二批外来入侵物种名单的通知（环发〔2010〕4 号）. 北京：环境保护部.

环境保护部, 中国科学院, 2014. 关于发布中国外来入侵物种名单（第三批）的公告（公告 2014 年第 57 号）. 北京：环境保护部, 中国科学院.

环境保护部, 中国科学院, 2016. 关于发布《中国自然生态系统外来入侵物种名单（第四批）》的公告（公告 2016 年第 78 号）. 北京：环境保护部, 中国科学院.

索引

序号	物种	类群	学名	页码
1	巴西龟	外来入侵生物	*Trachemys scripta elegans*	182
2	白扇螅	昆虫	*Platycnemis foliacea*	150
3	百花山葡萄	维管植物	*Vitis baihuashanensis*	26
4	棒花鱼	鱼类	*Abbottina rivularis*	142
5	豹猫	哺乳动物	*Prionailurus bengalensis*	52
6	鲍姆桑黄孔菌	大型真菌	*Sanghuangporus baumii*	165
7	北方鸟巢兰	维管植物	*Neottia camtschatea*	18
8	北方狭口蛙	两栖动物	*Kaloula borealis*	126
9	北红尾鸲	鸟类	*Phoenicurus auroreus*	108
10	北京水毛茛	维管植物	*Batrachium pekinense*	24
11	北松鼠	哺乳动物	*Sciurus vulgaris*	59
12	北乌头	维管植物	*Aconitum kusnezoffii*	21
13	菜粉蝶	昆虫	*Pieris rapae*	151
14	苍鹭	鸟类	*Ardea cinerea*	78
15	侧柏	维管植物	*Platycladus orientalis*	8
16	叉钱苔	苔藓植物	*Riccia fluitans*	4
17	长耳鸮	鸟类	*Asio otus*	80
18	赤狐	哺乳动物	*Vulpes vulpes*	43
19	赤链蛇	爬行动物	*Lycodon rufozonatus*	132
20	垂序商陆	外来入侵生物	*Phytolacca americana*	174
21	大斑啄木鸟	鸟类	*Dendrocopos major*	86
22	大杜鹃	鸟类	*Cuculus canorus*	74
23	大花杓兰	维管植物	*Cypripedium macranthos*	16

序号	物种	类群	学名	页码
24	大嘴乌鸦	鸟类	*Corvus macrorhynchos*	100
25	戴胜	鸟类	*Upupa epops*	82
26	袋形地星	大型真菌	*Geastrum saccatum*	168
27	点柄乳牛杆菌	大型真菌	*Suillus granulatus*	170
28	丁香叶忍冬	维管植物	*Lonicera oblata*	38
29	东北刺猬	哺乳动物	*Erinaceus amurensis*	42
30	东方铃蟾	两栖动物	*Bombina orientalis*	118
31	短尾蝮	爬行动物	*Gloydius brevicaudus*	136
32	钝叶绢藓	苔藓植物	*Entodon obtusatus*	2
33	二尾蛱蝶	昆虫	*Polyura narcaea*	155
34	反纽藓	苔藓植物	*Timmiella anomala*	3
35	柑橘凤蝶	昆虫	*Papilio xuthus*	158
36	冠鱼狗	鸟类	*Megaceryle lugubris*	84
37	貉	哺乳动物	*Nyctereutes procyonoides*	45
38	褐黄前锹甲	昆虫	*Prosopocoilus blanchardi*	162
39	褐马鸡	鸟类	*Crossoptilon mantchuricum*	62
40	黑斑侧褶蛙	两栖动物	*Pelophylax nigromaculatus*	124
41	黑鹳	鸟类	*Ciconia nigra*	76
42	黑眉锦蛇	爬行动物	*Elaphe taeniurus*	133
43	黑头䴓	鸟类	*Sitta villosa*	105
44	红灰蝶	昆虫	*Lycaena phlaeas*	160
45	红鳍鲌	鱼类	*Sarcocheilichthys sciistius*	139
46	红蒴立碗藓	苔藓植物	*Physcomitrium eurystomum*	6
47	红隼	鸟类	*Falco tinnunculus*	88
48	红尾伯劳	鸟类	*Lanius cristatus*	90
49	红嘴蓝鹊	鸟类	*Urocissa erythroryncha*	94
50	鸿雁	鸟类	*Anser cygnoides*	66
51	虎斑颈槽蛇	爬行动物	*Rhabdophis tigrinus*	134
52	葫芦藓	苔藓植物	*Funaria hygrometrica*	5
53	花背蟾蜍	两栖动物	*Strauchbufo raddei*	116
54	花面狸	哺乳动物	*Paguma larvata*	68

序号	物种	类群	学名	页码
55	华北落叶松	维管植物	*Larix gmelinii* var. *principis-rupprechtii*	10
56	槐	维管植物	*Styphnolobium japonicum*	27
57	环颈雉	鸟类	*Phasianus colchicus*	64
58	黄檗	维管植物	*Phellodendron amurense*	32
59	黄钩蛱蝶	昆虫	*Polygonia c-aureum*	152
60	黄脉翅萤	昆虫	*Curtos costipennis*	161
61	黄纹石龙子	爬行动物	*Plestiodon capito*	131
62	黄鼬	哺乳动物	*Mustela sibirica*	46
63	灰喜鹊	鸟类	*Cyanopica cyanus*	96
64	棘角蛇纹春蜓	昆虫	*Ophiogomphus spinicornis*	145
65	金翅雀	鸟类	*Chloris sinica*	112
66	金绿宽盾蝽	昆虫	*Poecilocoris lewisi*	163
67	金线侧褶蛙	两栖动物	*Pelophylax plancyi*	122
68	金银忍冬	维管植物	*Lonicera maackii*	39
69	荆条	维管植物	*Vitex negundo* var. *heterophylla*	36
70	宽鳍鱲	鱼类	*Zacco platypus*	140
71	联纹小叶春蜓	昆虫	*Gomphidia confluens*	147
72	辽吉侧金盏花	维管植物	*Adonis ramosa*	20
73	轮叶贝母	维管植物	*Fritillaria maximowiczii*	12
74	绿头鸭	鸟类	*Anas platyrhynchos*	70
75	马口鱼	鱼类	*Opsariichthys bidens*	141
76	麦穗鱼	鱼类	*Pseudorasbora parva*	143
77	美国白蛾	外来入侵生物	*Hyphantria cunea*	180
78	毛头鬼伞	大型真菌	*Coprinus comatus*	166
79	蜜环菌	大型真菌	*Armillaria mellea*	172
80	狍	哺乳动物	*Capreolus pygargus*	56
81	普通雨燕	鸟类	*Apus apus*	73
82	槭叶铁线莲	维管植物	*Clematis acerifolia*	22
83	山地麻蜥	爬行动物	*Eremias brenchleyi*	130
84	丝带凤蝶	昆虫	*Sericinus montelus*	156
85	太行林蛙	两栖动物	*Rana taihangensis*	120

序号	物种	类群	学名	页码
86	太平鸟	鸟类	*Bombycilla garrulus*	110
87	脱皮榆	维管植物	*Ulmus lamellosa*	31
88	乌鸫	鸟类	*Turdus mandarinus*	106
89	无蹼壁虎	爬行动物	*Gekko swinhonis*	129
90	喜鹊	鸟类	*Pica pica*	98
91	小环蛱蝶	昆虫	*Neptis sappho*	154
92	小蓬草	外来入侵生物	*Conyza canadensis*	178
93	楔尾伯劳	鸟类	*Lanius sphenocercus*	92
94	亚洲狗獾	哺乳动物	*Meles leucurus*	48
95	野大豆	维管植物	*Glycine soja*	29
96	野猪	哺乳动物	*Sus scrofa*	54
97	玉斑丽蛇	爬行动物	*Euprepiophis mandarinus*	135
98	玉带蜻	昆虫	*Pseudothemis zonata*	148
99	鸳鸯	鸟类	*Aix galericulata*	68
100	圆叶牵牛	外来入侵生物	*Ipomoea purpurea*	176
101	震旦鸦雀	鸟类	*Paradoxornis heudei*	103
102	中华斑羚	哺乳动物	*Naemorhedus griseus*	58
103	中华蟾蜍	两栖动物	*Bufo gargarizans*	114
104	猪獾	哺乳动物	*Arctonyx collaris*	50
105	珠颈斑鸠	鸟类	*Streptopelia chinensis*	72
106	紫点杓兰	维管植物	*Cypripedium guttatum*	14
107	紫椴	维管植物	*Tilia amurensis*	34
108	棕头鸦雀	鸟类	*Sinosuthora webbiana*	102